crochet warm botanical item

钩编温暖的植物小装饰

日本 E&G 创意 / 编著

蒋幼幼 / 译

中国纺织出版社有限公司

目录

18
19

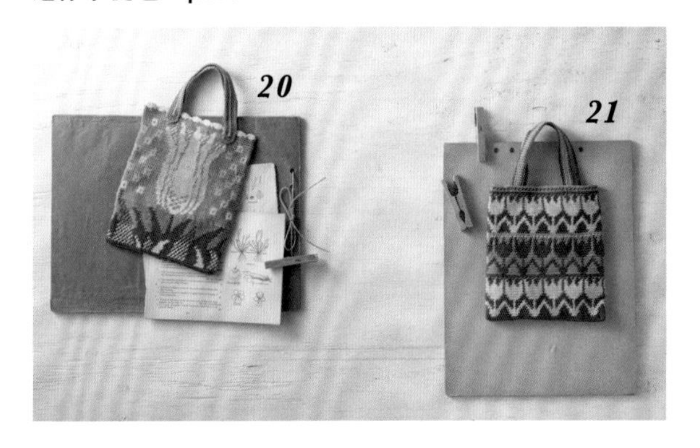
20
21

23
22

24
25

26
27
28
29
30

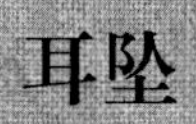

耳坠

制作方法　p.32、33
设计 & 制作　曾根静夏
重点教程　p.28

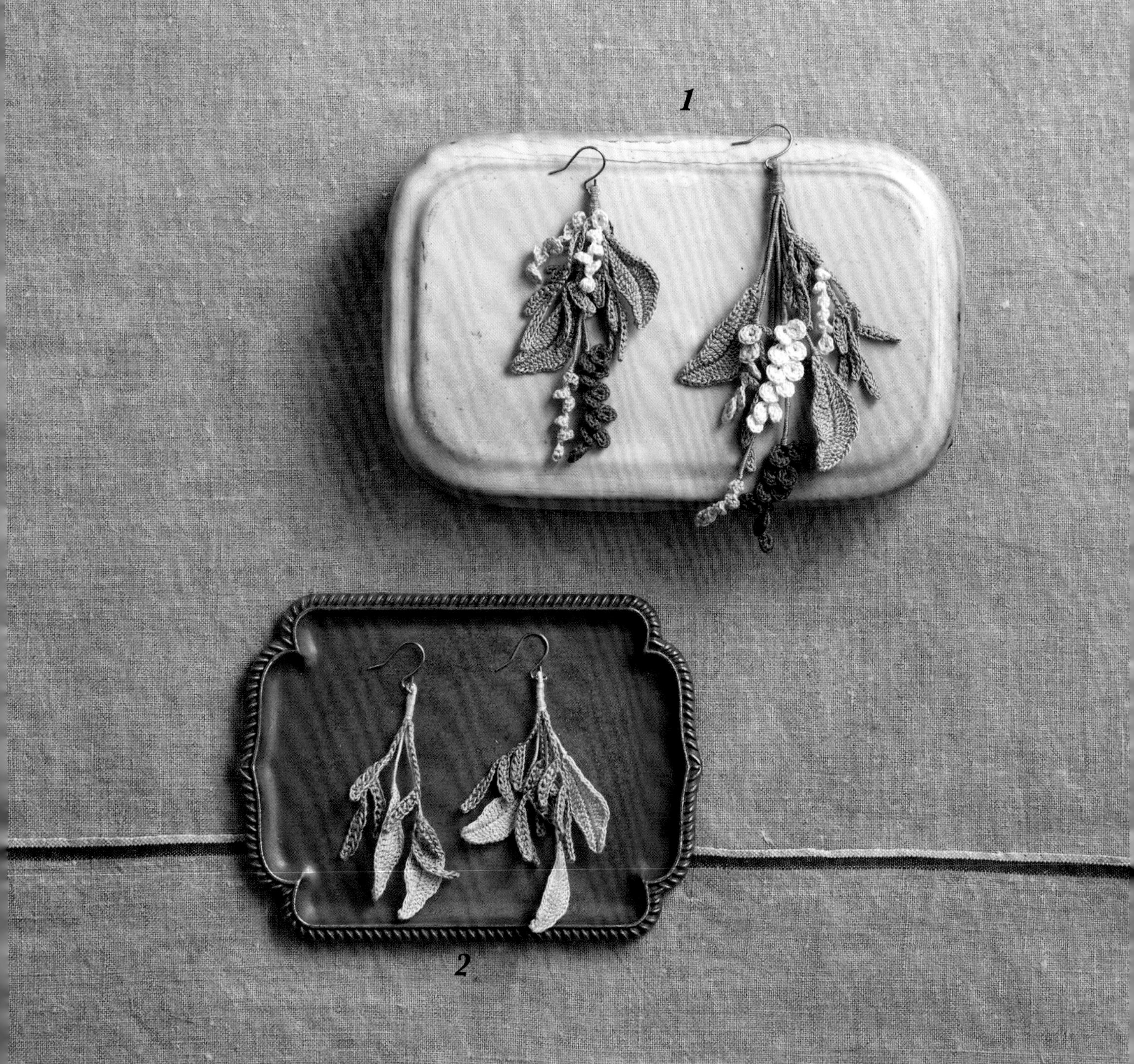

清雅脱俗的耳坠采用了不对称的设计，
无论单耳还是双耳佩戴都非常漂亮。

项链 & 胸花

制作方法　p.34~36
设计 & 制作　曾根静夏

项链的配色十分雅致，
搭配简洁的服饰更显优雅气质。

领饰 & 胸花

制作方法 p.37, 39
设计 & 制作 河合真弓
重点教程 p.29

6 鼠麴草
7 橄榄
8 白车轴草
9 菝葜
10 野葡萄

今天佩戴的是鼠麴草领饰，
黄色小花在牛仔布上显得格外亮眼。

香囊

制作方法　p.40
设计＆制作　河合真弓
重点教程　p.29

在香囊里放入自己喜欢的各种香料，
随时随地都散发着怡人的香气。

13

束口袋

制作方法　p.42
设计＆制作　芹泽圭子
重点教程　p.29

15

14

将绚烂的小花缝在束口袋上，
整体宛如花篮一般。

口金包

制作方法 p.44
设计 & 制作 镰田惠美子
重点教程 p.30

16 飞燕草
17 蜡花

将粉红色和白色的蜡花紧密地缝在小巧的口金包上，
整齐排列的小小花朵美丽至极。

束口袋

制作方法　p.46
设计＆制作　沟端裕美
重点教程　p.30

连接花朵形状的花片制作成束口袋，
不同的配色呈现出截然不同的效果。

19

迷你手提包

制作方法　p.48
设计＆制作　沟端裕美
重点教程　p.31

郁金香图案的迷你手提包，
临时外出时可以随身携带，
也可以放入其他包中使用。

21

花环

制作方法　p.51
设计 & 制作　芹泽圭子
重点教程　p.30

这是两款尺寸比较小巧的花环，
选用了经典的花卉和绿植两种主题。

倒挂花束

制作方法　p.54
设计 & 制作　镰田惠美子

“倒挂花束”就是将花卉和枝叶扎成一束装饰墙面，
一年四季都可以欣赏到清新自然的色彩。

迷你盆栽

制作方法 p.56，58
设计 & 制作 藤田智子

26、27、28 风信子
29、30 藏红花

栩栩如生的风信子和藏红花。
单个摆放也十分可爱，
但还是想要多摆上几个。

本书使用线材介绍

1

2

3

4

5

6

7

8

※ 图片为实物粗细

●奥林巴斯制线株式会社

1 Emmy Grande
棉 100%，蕾丝针 0 号、钩针 2/0 号
· 50g/ 团，约 218m，47 色
· 100g/ 团，约 436m，3 色

2 Emmy Grande <Colorful>
棉 100%，25g/ 团，约 110m，11 色，蕾丝针 0 号、钩针 2/0 号

3 Emmy Grande <Herbs>
棉 100%，20g/ 团，约 88m，18 色，蕾丝针 0 号、钩针 2/0 号

4 Emmy Grande <Colors>
棉 100%，10g/ 团，约 44m，26 色，蕾丝针 0 号、钩针 2/0 号

●DMC 株式会社

5 CEBELIA 10 号
棉 100%，50g/ 团，约 270m，39 色，蕾丝针 2~0 号，
基础色（8 色），彩色（31 色）

6 CEBELIA 20 号
棉 100%，50g/ 团，约 410m，39 色，蕾丝针 4~2 号，
基础色（8 色），彩色（31 色）

7 CEBELIA 30 号
棉 100%，50g/ 团，约 540m，39 色，蕾丝针 6~4 号，
基础色（8 色），彩色（31 色）

8 CEBELIA 40 号
棉 100%，50g/ 团，约 680m，14 色，蕾丝针 10~6 号，
基础色（8 色），彩色（6 色）

*蕾丝针针号越大，针越粗。
* 1~8 自左向右表示为：材质→规格→线长→颜色数→适用针号。
*颜色数为截至 2020 年 3 月的数据。
*因为印刷的关系，可能存在些许色差。
*为方便读者查找，本书中所有线材型号保留英文。

*为了便于理解，此处使用不同颜色、种类和粗细的线进行说明

基础教程

在铁丝上钩织短针的方法

●钩织花环的情况

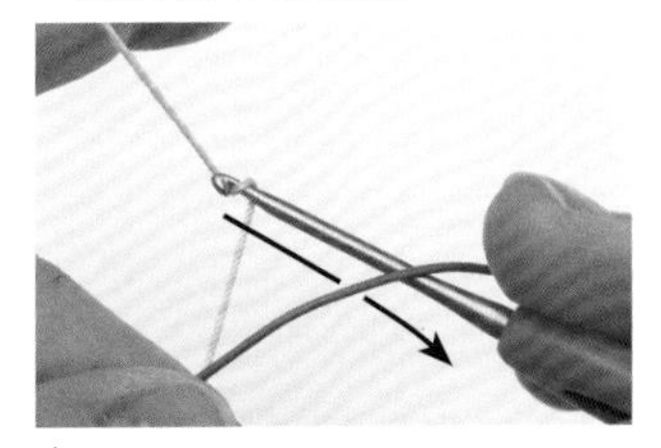

1 在铁丝环内插入钩针，针头挂线，如箭头所示将线拉至内侧。

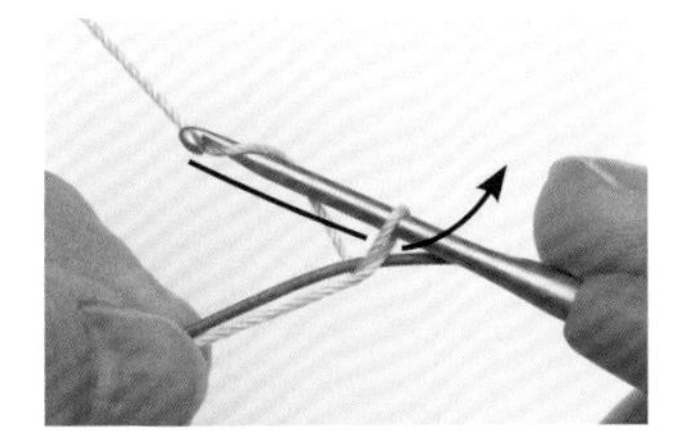

2 针头再次挂线后拉出。

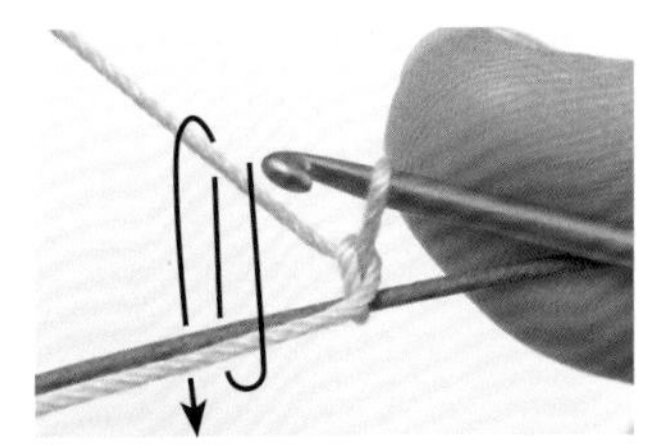

3 这样就完成了1针立起的锁针。“如箭头所示插入钩针，从铁丝的外侧拉出编织线”。将线头与铁丝并在一起，从下方插入钩针。

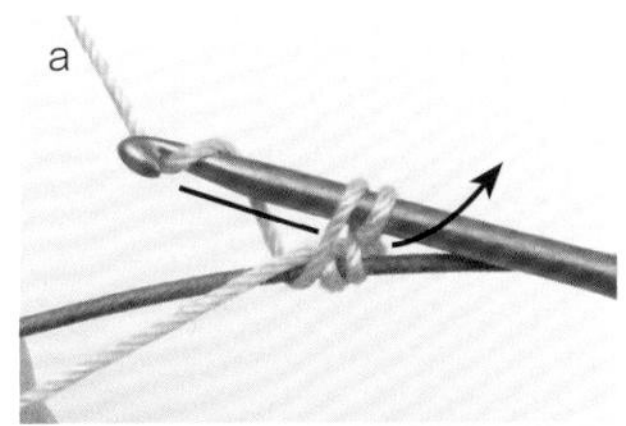

4 针头挂线（a），引拔（b）。右下图是1针短针完成后的状态。

5 重复步骤3“”内的操作和步骤4，钩织几针短针后的状态。

●钩锁针起针后，包住铁丝钩织短针的情况

1 将铁丝的一端弯折出小圆环，再将根部拧紧。

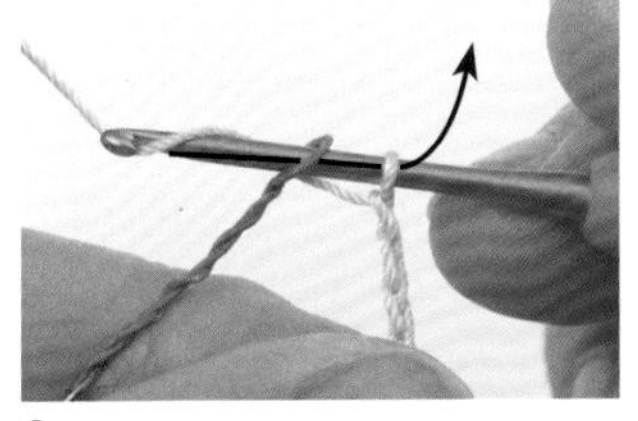

2 钩锁针起针，然后在铁丝的小圆环中插入钩针，针头挂线引拔。

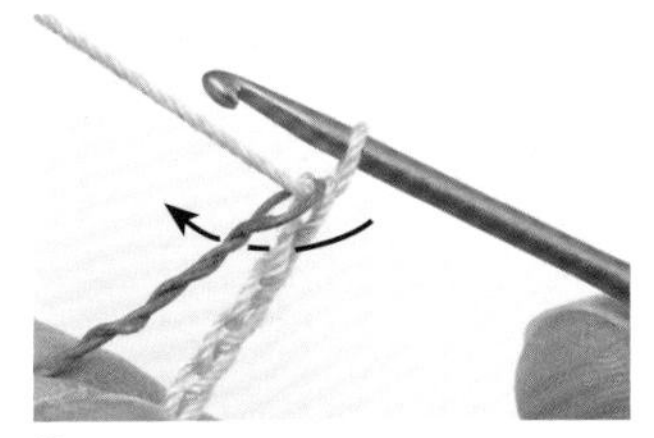

3 这是引拔后的状态。

4 如步骤3的箭头所示，在锁针的里山插入钩针。

5 针头挂线（参照步骤4），钩织短针。

6 用钳子将铁丝的小圆环压扁固定。

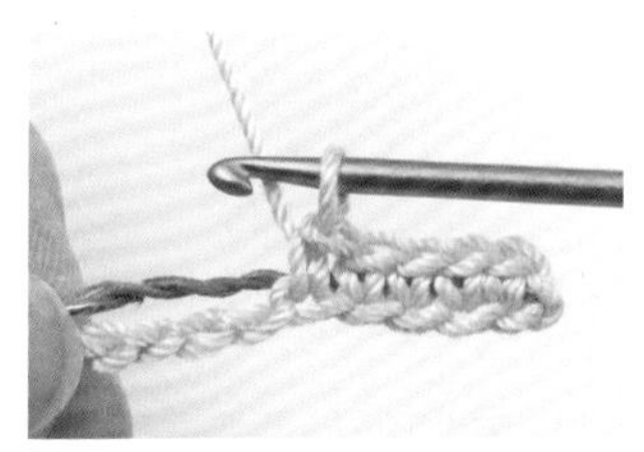

7 重复步骤4和5，在锁针的里山挑针，包住铁丝钩织几针短针后的状态。

●直接在铁丝上钩织短针的情况

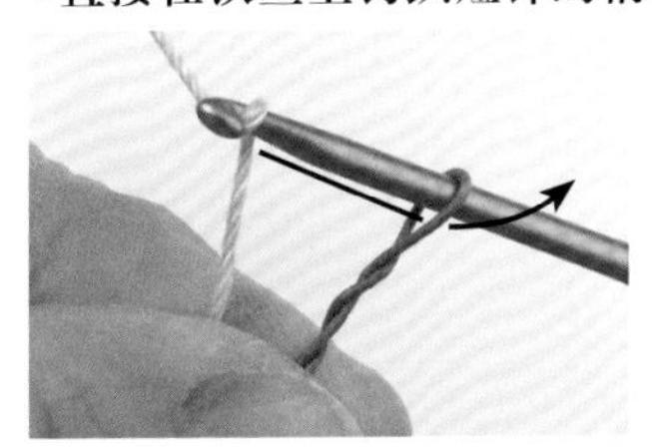

1 将铁丝的一端弯折出小圆环，再将根部拧紧（参照上面的步骤1）。在小圆环中插入钩针，针头挂线后拉出。

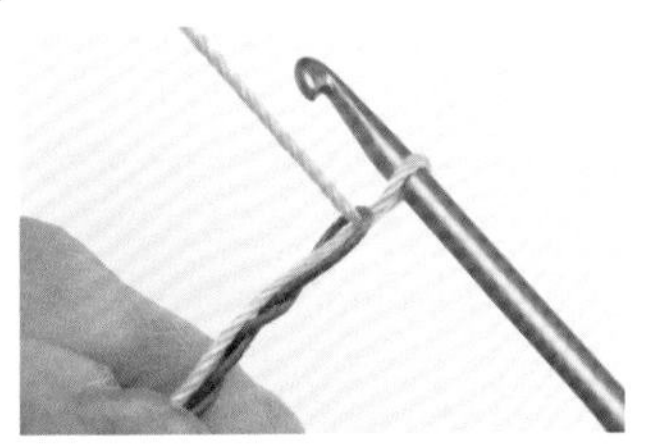

2 这是将线拉出后的状态。

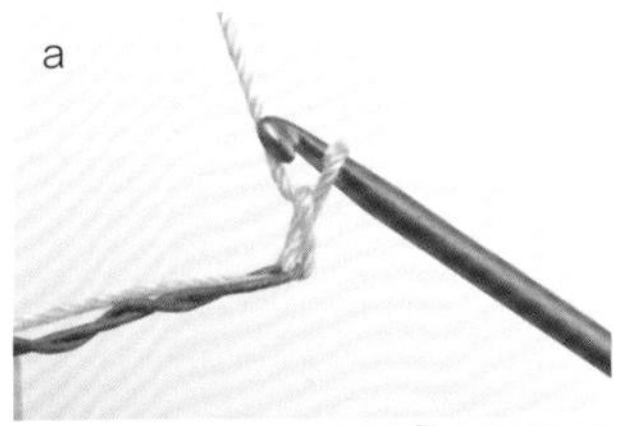

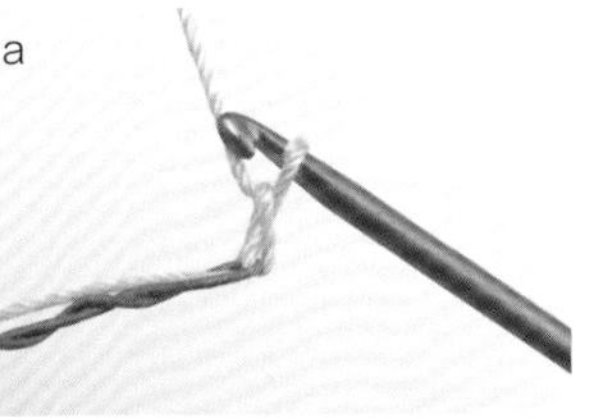

3 钩1针立起的锁针（a），接着包住铁丝钩织1针短针（b）。

4 包住铁丝钩织几针短针后的状态。

内侧半针与外侧半针的挑针方法

●在内侧半针里挑针的情况

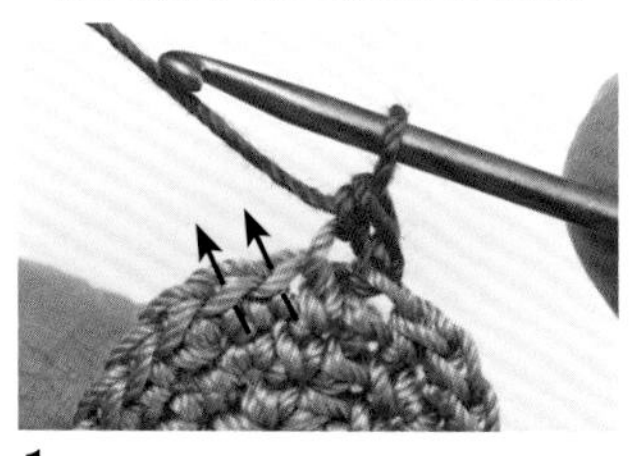

1 看着织物的正面，如箭头所示在内侧半针里挑针钩织短针。

2 钩织1圈后的状态。

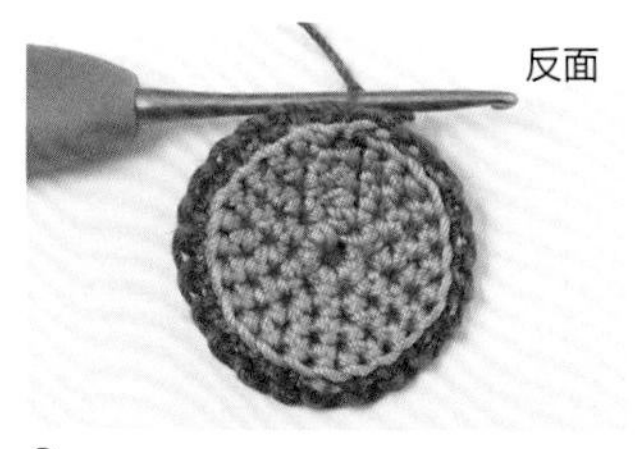

3 外侧半针在织物的反面呈现条纹状。

*在剩下的外侧半针里挑针

4 如箭头所示，在剩下的半针里挑针钩织短针。织物由此分成内侧和外侧两层。

●在外侧半针里挑针的情况

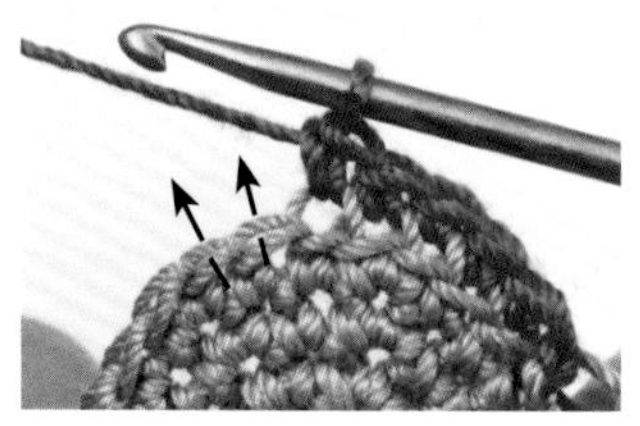

1 看着织物的正面，如箭头所示在外侧半针里挑针钩织短针。

2 钩织1圈后的状态。内侧半针呈现条纹状。

*在剩下的内侧半针里挑针

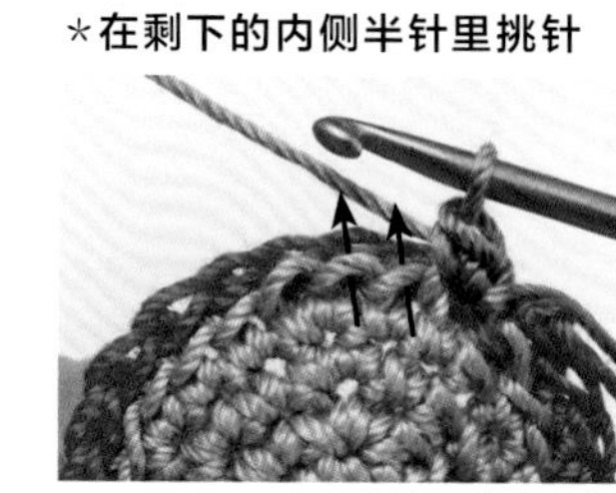

3 如箭头所示，在剩下的内侧半针里挑针钩织。

4 钩织几针后的状态。织物由此分成内侧和外侧两层。

重点教程

2 图片 p.4 制作方法 p.33

●耳坠的钩织方法 组合叶子a（2根）和叶子b

*叶子a的钩织方法

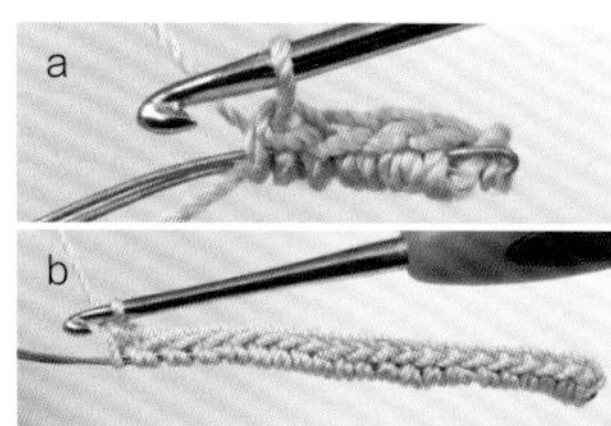

1 先将指定长度的铁丝对折，参照p.27"直接在铁丝上钩织短针的情况"开始钩织第1行（a），在铁丝上钩织20针短针（b）。

2 翻转织物，如箭头所示在第1行短针的外侧半针里挑针，开始钩织第2行。

3 第2行上半部分完成后的状态。

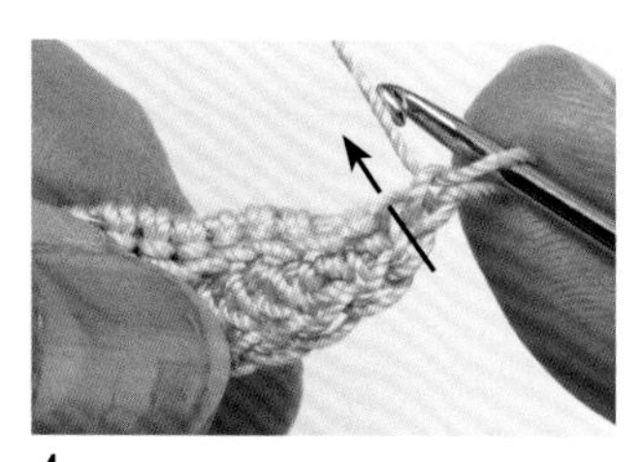

4 钩1针锁针，接着钩织下半部分。

5 下半部分是在第1行剩下的半针里（如步骤**4**的箭头所示）挑针继续钩织，结束时留出缠绕茎部用的线头后剪断。图片是叶子a完成后的状态。

*茎部的制作方法

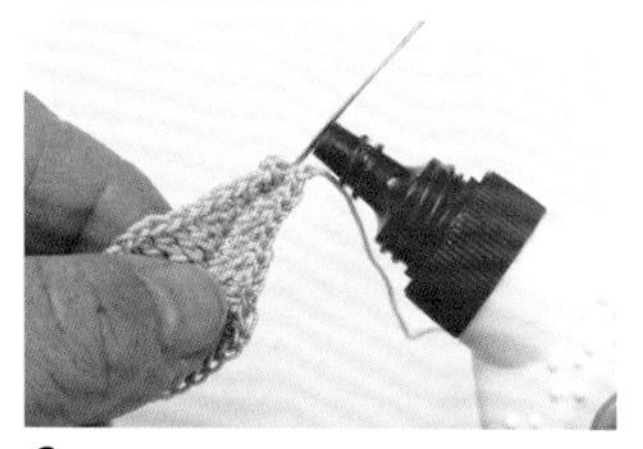

6 在铁丝上薄薄地涂上胶水。

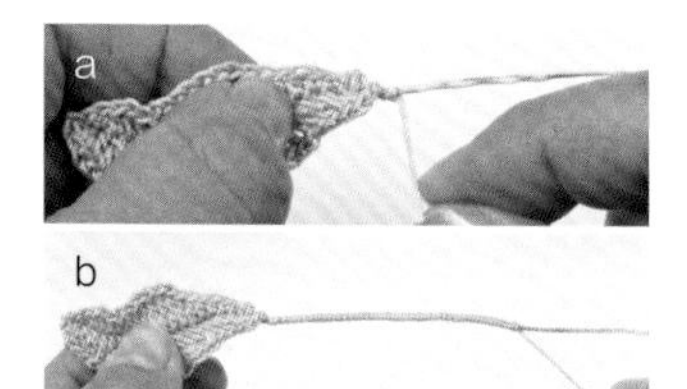

7 在叶子的根部不留空隙地紧紧缠上线，缠出一定的厚度（a），再继续用叶子的线头缠在铁丝上（b）。

*组合方法

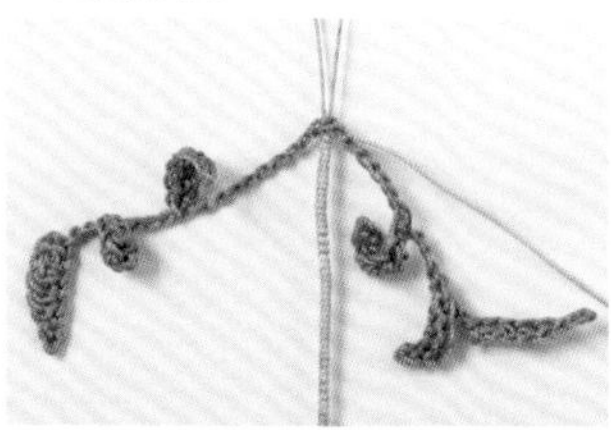

8 在叶子b的锁针里穿入1根叶子a。

9 将另一根叶子a并在一起，在铁丝上涂上胶水，然后在2根叶子a的铁丝上一起缠线。

＊制作安装金属配件的基底

10 将茎部的顶端弯折 1cm 左右，缠上 1~2 圈线固定。

11 涂上胶水后继续缠线，直到看不见铁丝为止。

12 最后装上金属配件，作品就完成了。

8、*11~15* 图片 p.8，10~13 制作方法 p.37，40，42

●罗纹绳的钩织方法

1 留出比所需绳子长度长 2 倍的线头，参照 p.60“起始针的钩织方法”起针。

2 将线头挂在针上。

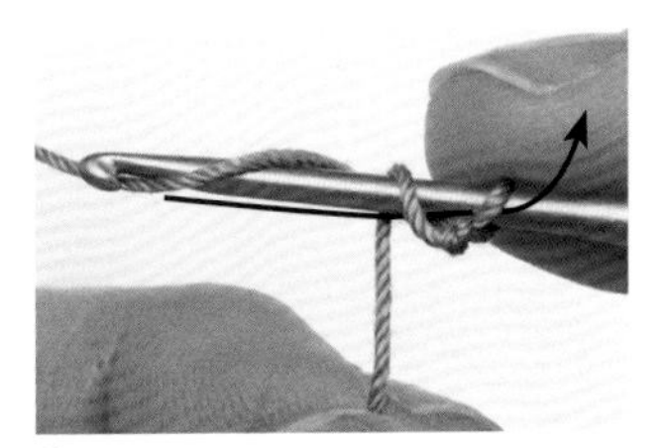

3 针头挂线，如箭头所示引拔。

4 这样就完成了 1 针。

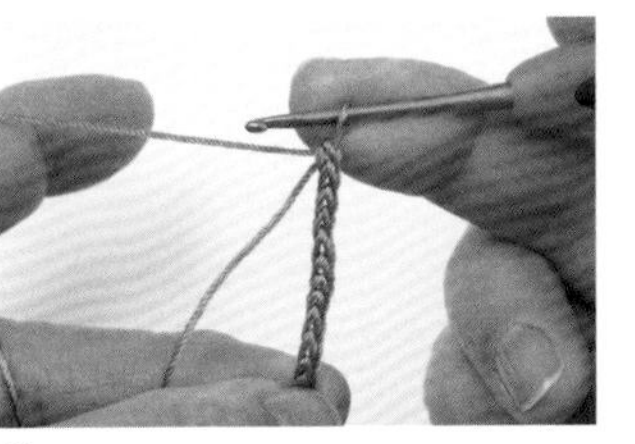

5 重复步骤2 ~ 4继续钩织。

8 图片 p.8 制作方法 p.37

●白车轴草的钩织方法

为了便于理解，基底和花瓣使用不同的线进行说明

1 基底的第 1 圈钩织短针。

＊花瓣①的钩织终点

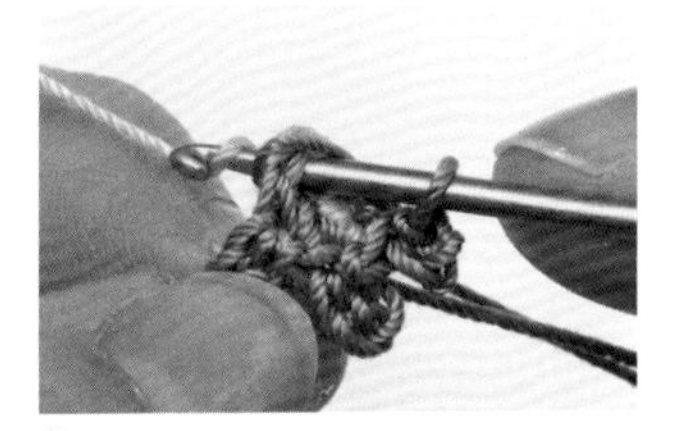

2 在基底短针的内侧半针里挑针，钩织花瓣的第1圈，在终点引拔时将基底的线挂在针头。

3 将针头的线引拔拉出，编织线就换成了基底的线。

＊基底②的钩织终点

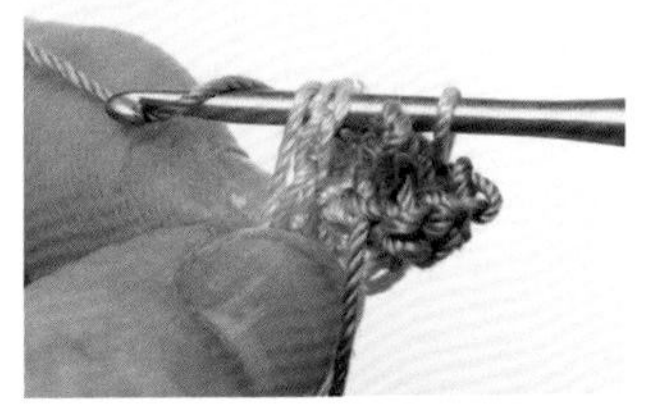

4 在基底第 1 圈的外侧半针里挑针，钩织基底的第 2 圈，在终点引拔时将花瓣的线挂在针头。

5 将针头的线引拔拉出，编织线就换成了花瓣的线。

＊花瓣②的钩织终点

6 在基底第2圈的内侧半针里挑针，钩织花瓣的第2圈，在终点引拔时将基底的线挂在针头，引拔拉出后编织线就换成了基底的线。

7 接下来重复“钩织基底，在基底的内侧半针里挑针钩织花瓣，在外侧半针里挑针钩织基底的下一圈”。

重点教程

22 图片 p.20 制作方法 p.51

●卷心玫瑰的组合方法

1 在起针的上半针里挑针，钩织花瓣。

2 看着花瓣的正面，向内侧卷起来。

3 整理形状后，用定位针等小工具暂时固定根部。

4 在根部呈放射状穿针，缝合固定。

5 卷心玫瑰就完成了。

16、*17* 图片 p.14，15 制作方法 p.44

●口金的缝合方法

1 先用引拔针缝合侧面，留出口金缝合部位。

2 对齐侧面和口金确定中心，暂时穿入1根线打结固定。

3 在侧面接线，将针穿出正面，再从口金边上的小孔中出针。

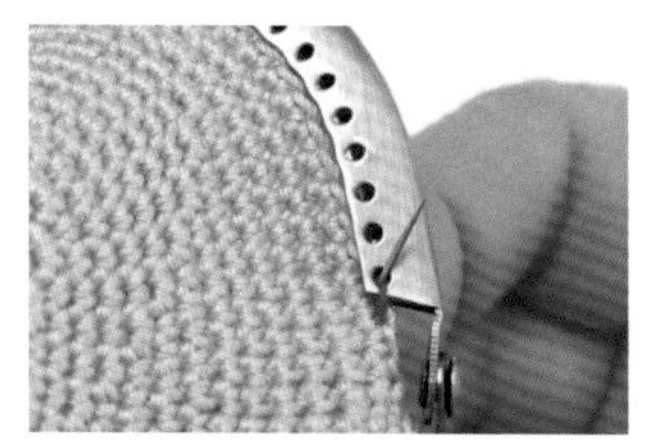

4 在步骤3的针脚旁边（◀）入针，挑起侧面，再从边上的同一个小孔中出针。

5 按步骤 4 相同要领在侧面再次挑针，从第 2 个小孔中出针。起点要缝合 2 次。

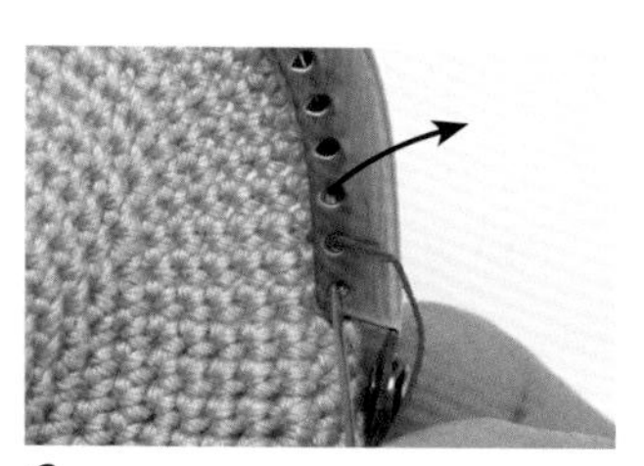

6 穿出第2个小孔后往回缝1针，挑起侧面从第3个小孔中出针。

7 参照步骤 5 和 6，重复“挑起侧面从下一个小孔中出针，返回前一个小孔入针”继续缝合。缝合终点与起点一样，要缝合 2 次。

18、*19* 图片 p.16，17 制作方法 p.46

●花片的连接方法

1 钩织花片 b 至连接位置，接着钩 3 针锁针。

2 从花片 a 准备连接的线圈反面插入钩针，在针头挂线。

3 将针头的线拉出后钩织短针。

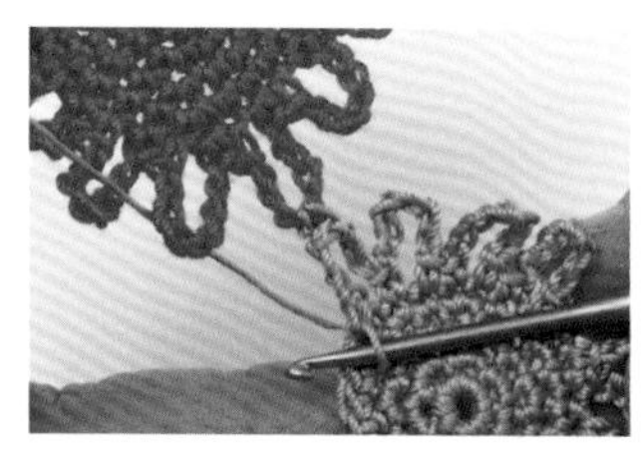

4 接着钩 3 针锁针，返回花片 b 钩织短针。

21 图片 p.19 制作方法 p.48

●短针的条纹针配色花样的钩织方法

包住配色线钩织的方法

＊接线

1 第2圈（开始配色花样的前一圈）最后钩织引拔针时，将配色线挂在编织线上（a），连同钩织终点的针脚一起挑针，在针头挂线（b）。

2 如步骤**1**中b的箭头所示，将针头的线拉出，接上配色线。

3 在前一圈的针脚里连同配色线一起挑针，在针头挂线（a），包住配色线钩织短针的条纹针（b）。

＊换成配色线

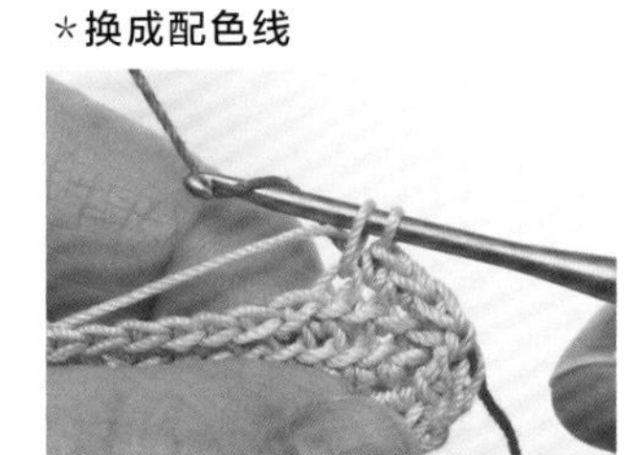

4 包住配色线钩织3针短针的条纹针。第4针钩织未完成的短针的条纹针（参照p.61"未完成的短针"），将配色线挂在针头。

5 拉出针头的线，编织线就换成了配色线。

6 在前一圈的针脚里连同主色线一起挑针，将配色线挂在针头（a），包住主色线钩织1针短针的条纹针（b）。

＊换成主色线

7 接着钩织1针短针的条纹针，再钩织1针未完成的短针的条纹针，然后将主色线挂在针头（a）。拉出主色线，编织线就换成了主色线（b）。

8 包住配色线，用主色线继续钩织。

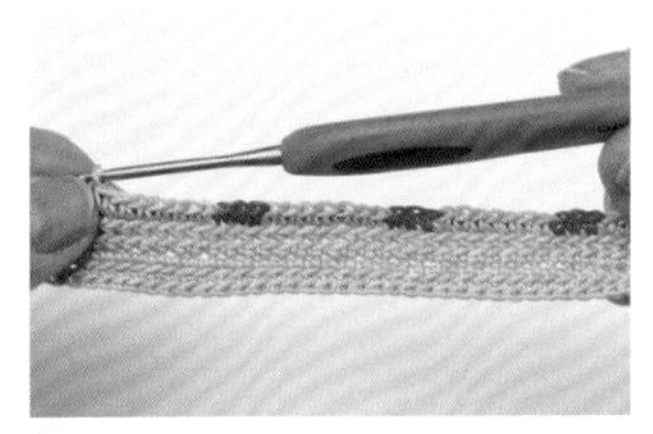

9 参照步骤**4**～**8**，按配色花样钩织1圈。

＊下一圈的钩织起点是相同颜色的情况

第3圈的钩织终点

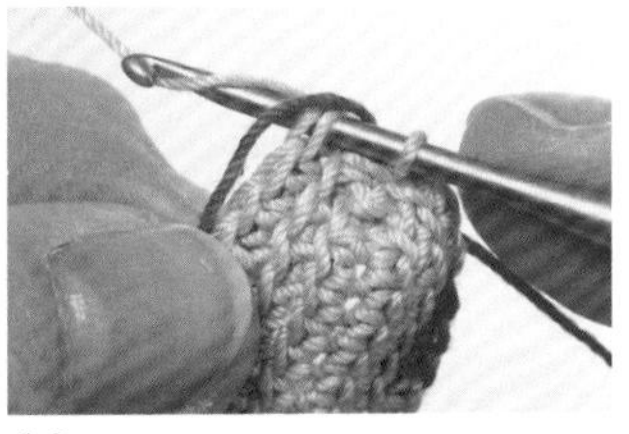

10 在钩织起点的针脚里引拔时，将配色线从下面拉上来挂在针上，再将主色线挂在针头。

11 将针头的主色线引拔拉出。这样就将配色线往上拉到了准备钩织的第4圈。

第4圈的钩织起点

12 包住配色线，用主色线开始钩织第4圈。

＊下一圈的钩织起点是不同颜色的情况

第12圈的钩织终点

13 最后一针钩织未完成的短针的条纹针，将主色线（下一圈的编织线）挂在针头（a），引拔拉出后，编织线就换成了主色线（b）。

14 将配色线从下面拉上来挂在针上，再将主色线挂在针头。拉出主色线，第13圈的编织线就变成了主色线。

15 第13圈钩1针立起的锁针。

16 包住配色线钩织1针短针的条纹针，继续钩织第13圈。

制作方法

1

图片　p.4，5

准备材料

DMC CEBELIA 30号/黄色系（746）2g，浅紫色系（211）（318）、藏青色系（797）、黄绿色系（3364）各5g，耳坠金属配件/银色1对，小圆环（3mm）2个，铁丝（35号）25cm×2根、20cm×9根，手工胶适量

针　蕾丝针10号

成品尺寸　参照图示

钩织方法

1　参照图示，分别钩织叶子和果实。

2　叶子（大）分别按指定尺寸的2倍长度剪好铁丝并对折，直接包住铁丝钩织短针（参照p.27, 28）。

3　果实也与叶子一样，分别按指定尺寸剪好铁丝，在钩织起点位置穿入铁丝，然后用色号为3364的线缠在铁丝上。

4　参照组合方法并成一束，穿入小圆环后缠线固定。再将耳坠金属配件穿在小圆环上。

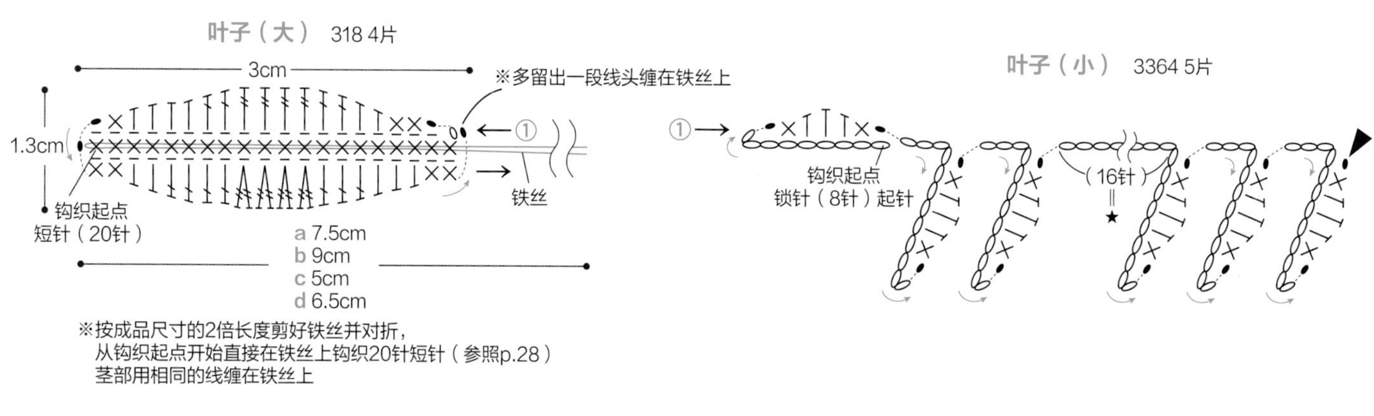

※按成品尺寸的2倍长度剪好铁丝并对折，
从钩织起点开始直接在铁丝上钩织20针短针（参照p.28）
茎部用相同的线缠在铁丝上

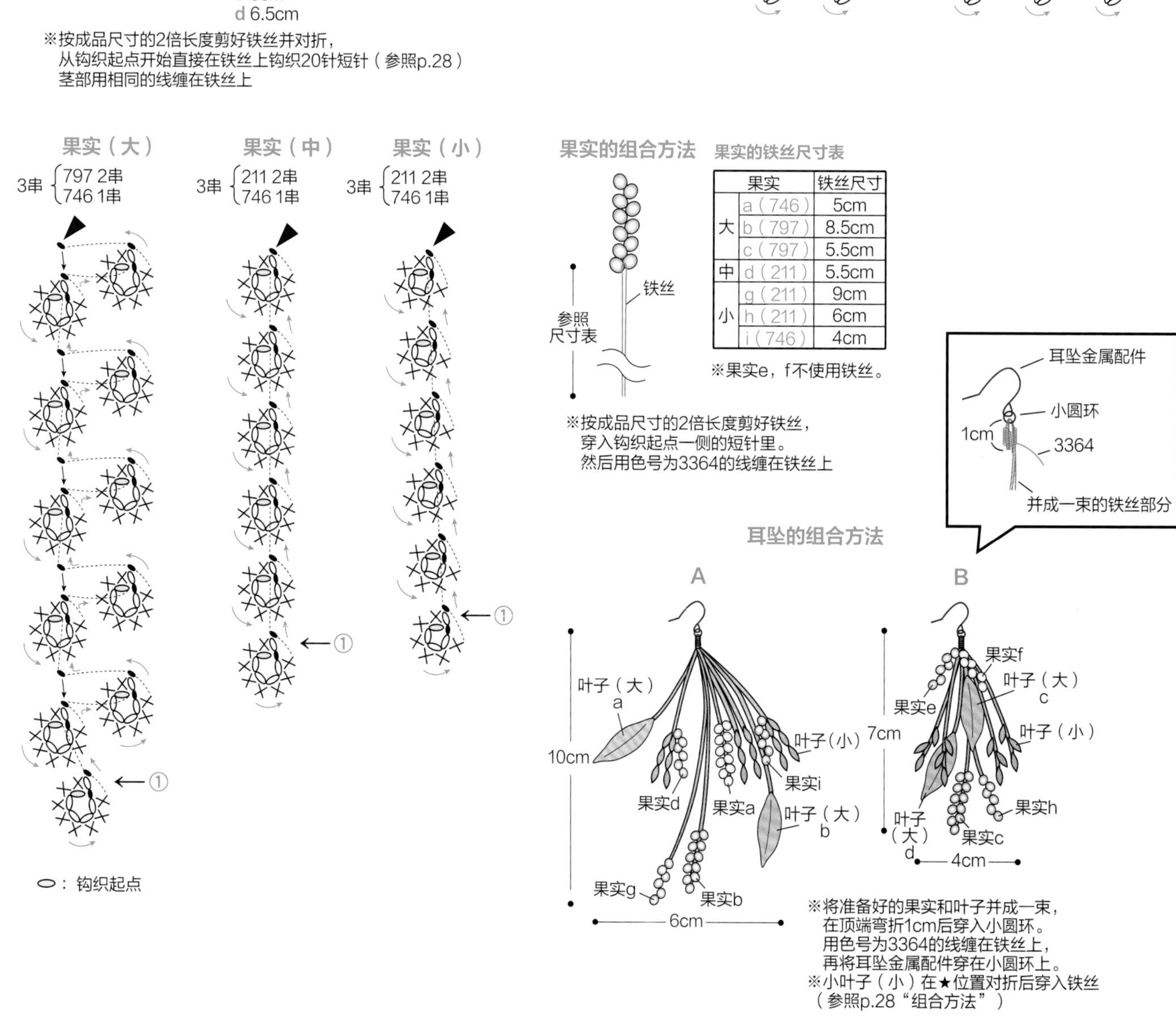

果实		铁丝尺寸
大	a（746）	5cm
	b（797）	8.5cm
	c（797）	5.5cm
中	d（211）	5.5cm
小	g（211）	9cm
	h（211）	6cm
	i（746）	4cm

※果实e，f不使用铁丝。

※按成品尺寸的2倍长度剪好铁丝，
穿入钩织起点一侧的短针里。
然后用色号为3364的线缠在铁丝上

※将准备好的果实和叶子并成一束，
在顶端弯折1cm后穿入小圆环。
用色号为3364的线缠在铁丝上，
再将耳坠金属配件穿在小圆环上。
※小叶子（小）在★位置对折后穿入铁丝
（参照p.28“组合方法”）

2

图片　p.4，5　重点教程　p.28

准备材料

DMC CEBELIA 30 号／浅紫色系（318）2g，CEBELIA 40 号／米色系（3033）2g，耳坠金属配件／银色 1 对，小圆环（3mm）2 个，铁丝（35 号）20cm×5 根，手工胶适量

针　蕾丝针 10 号

成品尺寸　参照图示

钩织方法

1　参照图示，钩织叶子（大、小）。

2　叶子（大）按指定尺寸的2倍长度剪好铁丝并对折，直接包住铁丝钩织短针（参照p.27，28）。

3　参照组合方法将叶子并成一束，穿入小圆环后缠线固定。再将耳坠金属配件穿在小圆环上。

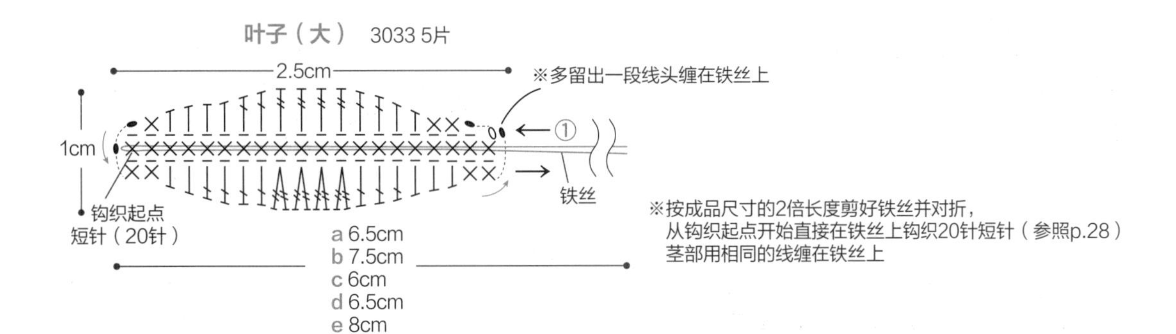

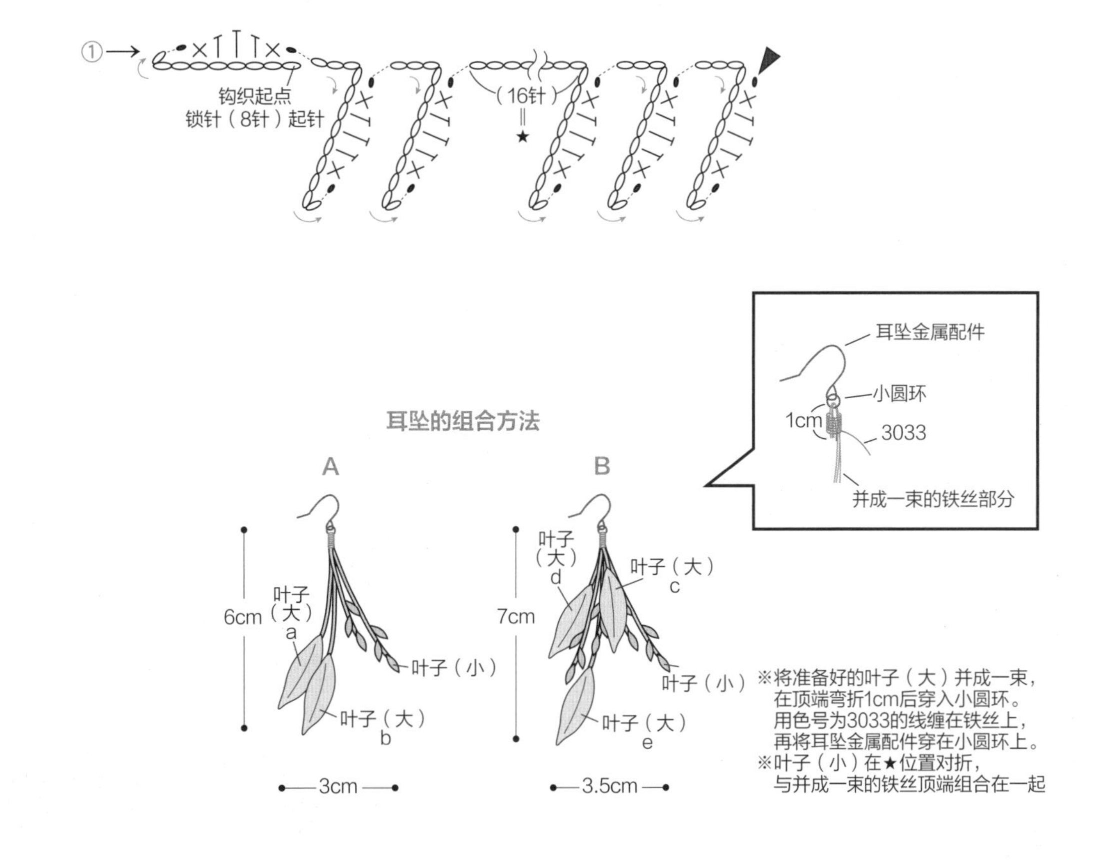

3

图片　p.6，7

准备材料

DMC CEBELIA 20 号／藏青色系（823）8g，黄绿色系（989）1g，CEBELIA 30 号／黄绿色系（3364）8g，藏青色系（797）、米色系（746）各 1g，连接扣组件／枪灰色 1 组，铁丝（35 号）50cm×2 根、20cm×11 根，手工胶适量

针　蕾丝针 10 号

成品尺寸　长约40cm

钩织方法

1　参照图示，分别钩织叶子和果实。

2　叶子（大）按指定尺寸的2倍长度剪好铁丝并对折，直接包住铁丝钩织短针（参照p.27, 28）。

3　参照组合方法，用色号为3364的线缠在2根铁丝上，注意一边缠线一边加入叶子和果实。在两端穿入连接扣组件后缠线固定。

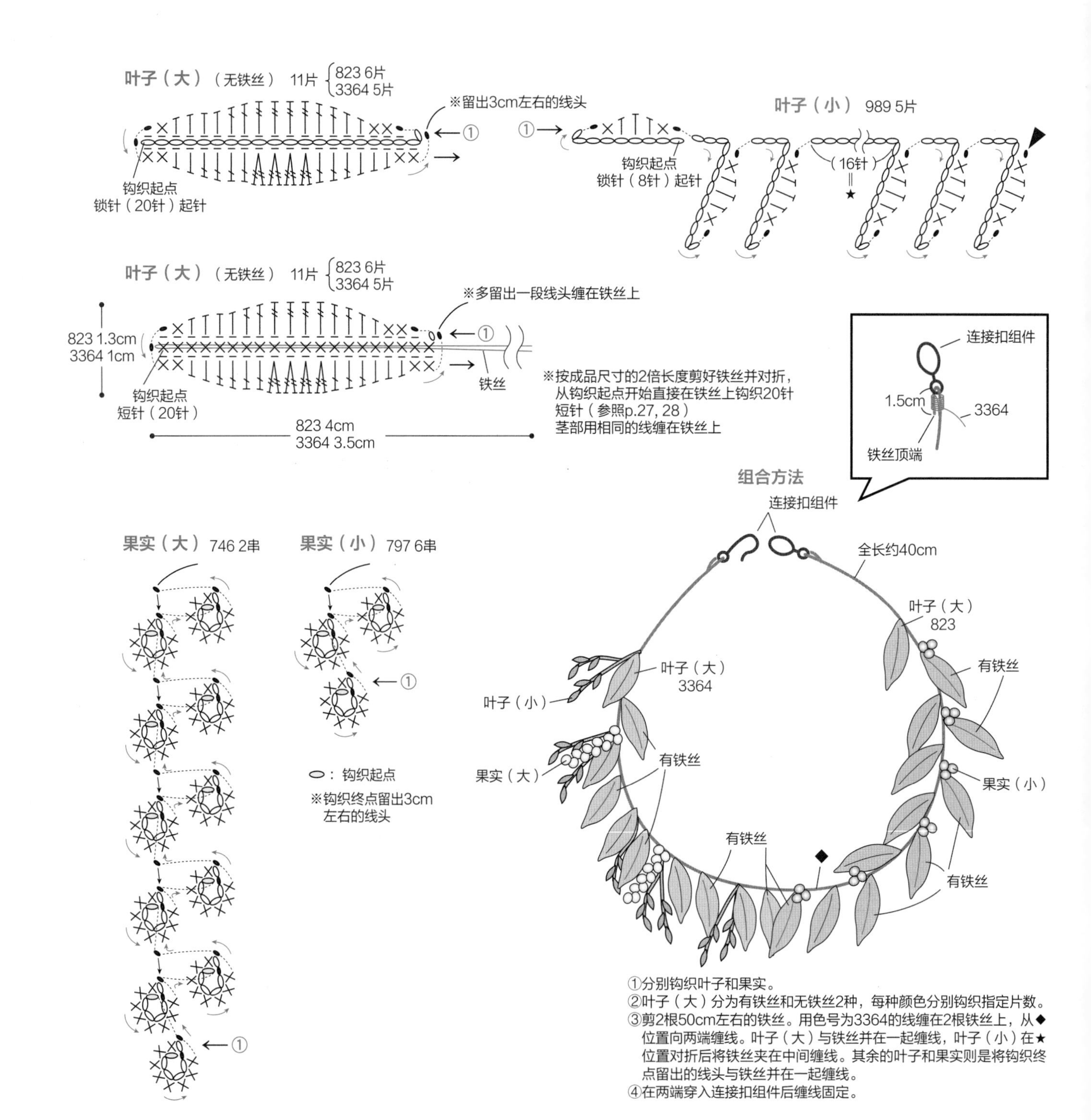

4

图片 p.6，7

准备材料

DMC CEBELIA 20 号／藏青色系（823）4g，黄绿色系（989）2g，CEBELIA 30 号／黄绿色系（3364）4g，藏青色系（797）1g，胸针（3cm）／银色 1 个，铁丝（35 号）36cm×1 根、20cm×4 根，手工胶适量

针　蕾丝针 10 号

成品尺寸　参照图示

钩织方法

1　参照图示，分别钩织叶子和果实。

2　叶子（大）分为有铁丝和无铁丝2种，每种颜色分别钩织指定片数。

3　参照组合方法，用色号为989的线将叶子和果实缠在铁丝上。再将铁丝重叠在胸针的正面缠线固定。

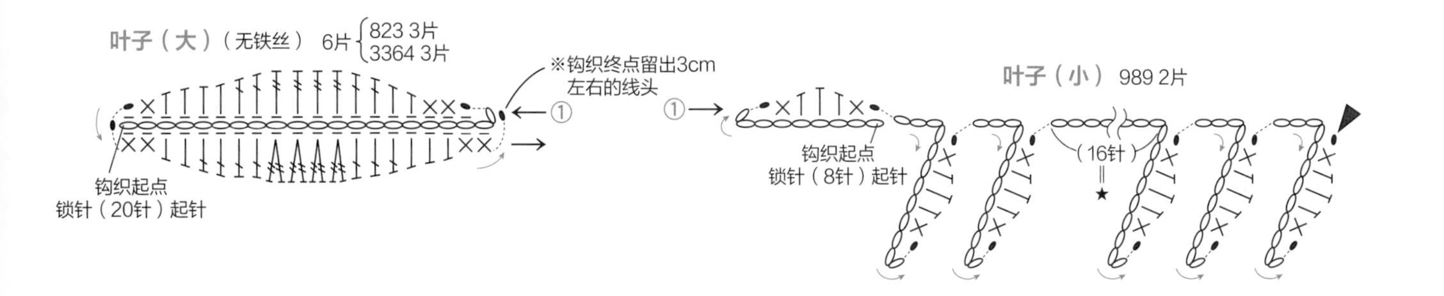

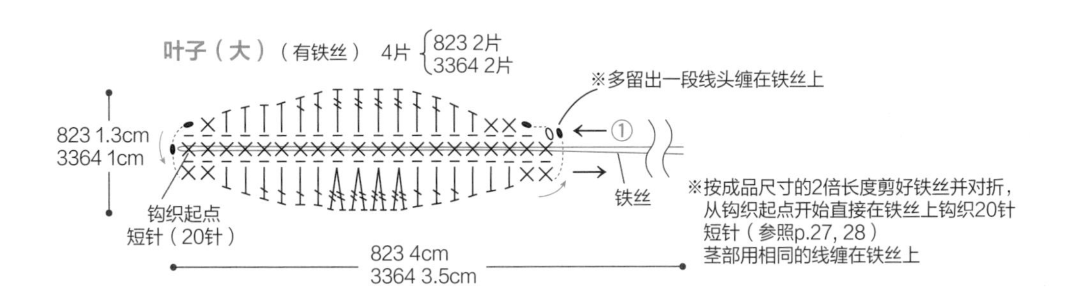

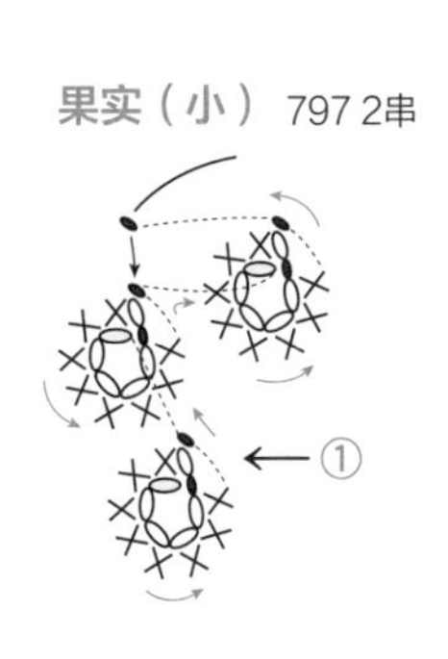

⬭：钩织起点

※钩织终点留出3cm左右的线头

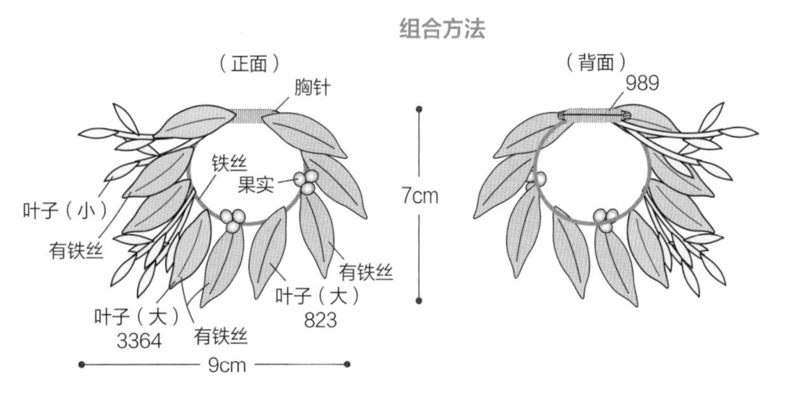

①分别钩织叶子和果实。

②叶子（大）分为有铁丝和无铁丝2种，每种颜色分别钩织指定片数。

③剪2根铁丝，弯成直径约4cm的圆环。用色号为989的线缠在铁丝上，将叶子（大）的铁丝一端或钩织终点的线头与铁丝环并在一起缠线，叶子（小）在★位置对折后将铁丝夹在中间缠线。

④将铁丝环重叠在胸针的正面，用色号为989的线与胸针主体缠绕固定。

5

图片　p.6，7

准备材料

DMC CEBELIA 20号／黄绿色系（989）1g，CEBELIA 30号／黄绿色系（3364）4g，米色系（746）1g，胸针（2.5cm）／枪灰色1个，铁丝（35号）20cm×4根，手工胶适量

针　蕾丝针10号

成品尺寸　参照图示

钩织方法

1　参照图示，钩织叶子和果实。

2　剪下指定尺寸的铁丝，分别组合果实和叶子（小）。

3　参照组合方法并成一束，将胸针重叠在反面，再用色号为3364的线缠绕固定。

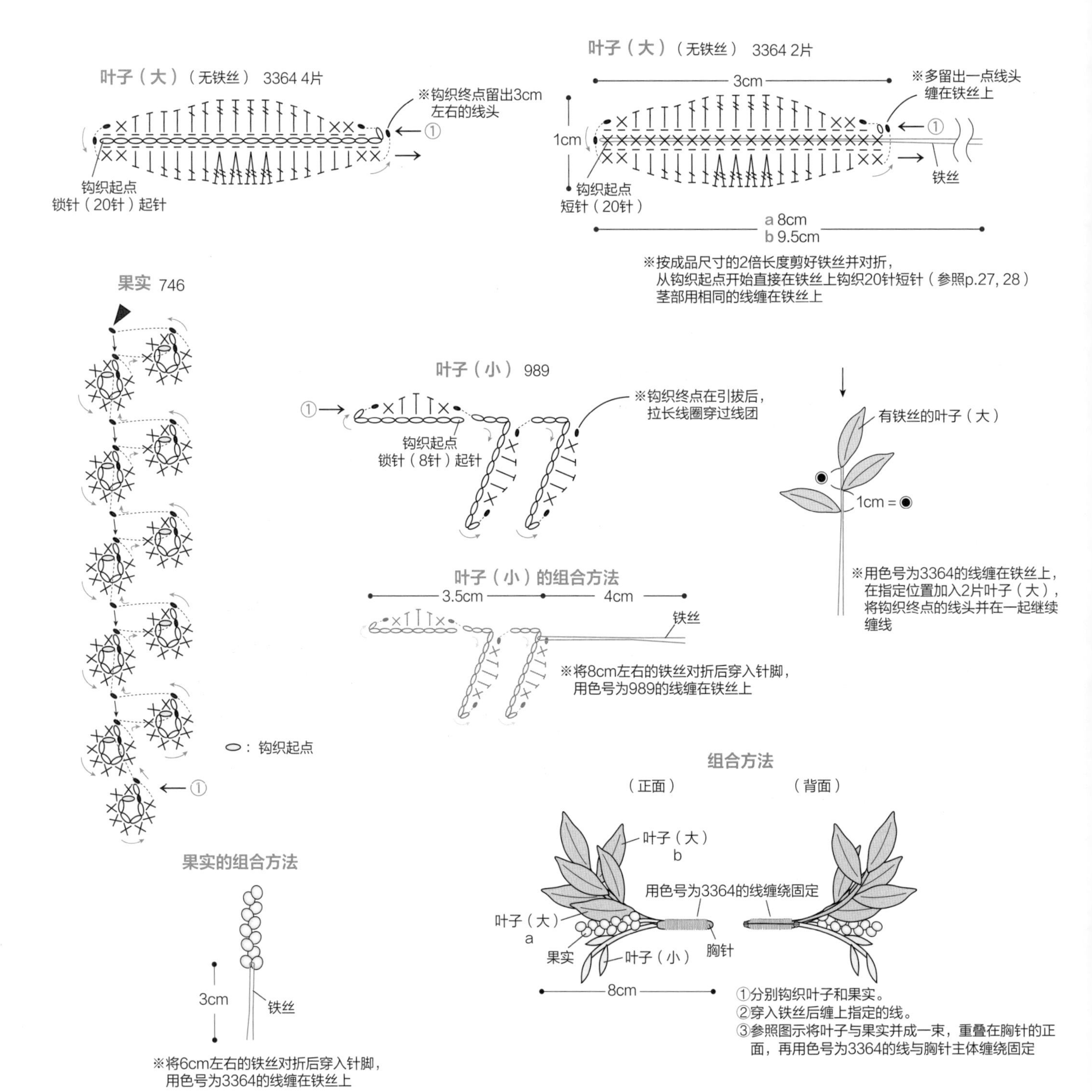

6~8

图片　p.8，9

准备材料

6 奥林巴斯 Emmy Grande <Herbs>／黄绿色（273）、柠檬黄色（560）、黄色（582）各 1g，胸针（2cm）／银色 1 个，铁丝（26 号）20cm×1 根

7 奥林巴斯 Emmy Grande／深绿色（238）3g，橄榄绿色（288）1.5g，Emmy Grande <Herbs>／黄绿色（273）、红褐色（745）各 1g，胸针（3.5cm）／银色 1 个，铁丝（26 号）20cm×1 根，填充棉适量

8 奥林巴斯 Emmy Grande／黄绿色（243）、本白色（804）各 2g，橄榄绿色（288）1g，胸针（3.5cm）／银色 1 个，拉菲棉草适量

针　蕾丝针 0 号

成品尺寸　参照图示

钩织方法

6

钩织花芯 a 和 b，接着分别钩织花瓣缝在花芯上。叶子用短针钩织 4 片。茎部是在铁丝上钩织短针。参照组合方法，将花芯和叶子缝在茎部，最后缝上胸针。

7

钩织果实和叶子，分别组合果实。茎部是在铁丝上钩织短针。参照组合方法，将果实和叶子缝在茎部，最后缝上胸针。

8

分别钩织 3 朵小花和 3 片叶子。茎部用指定的线钩织指定针数。基底钩织 6 圈。参照组合方法，将叶子、茎部和小花依次重叠着缝在基底上，最后将胸针缝在背面的基底上。

6

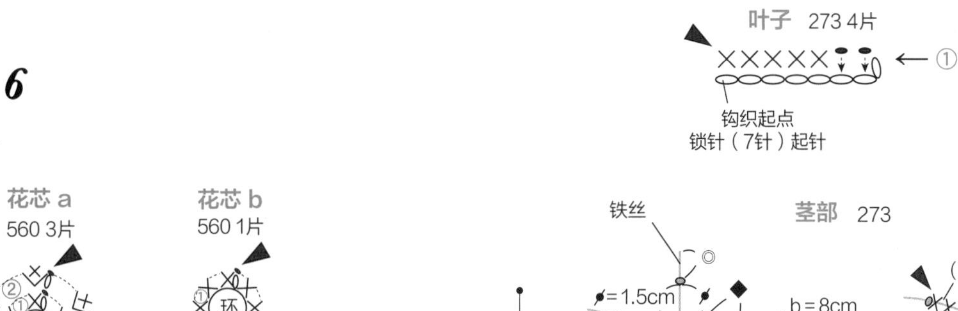

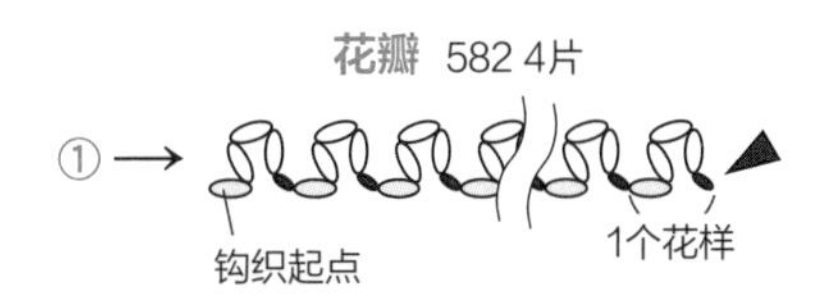

※在针脚（⬭）里引拔（●）

花瓣的花样个数和片数表

花瓣	花样个数	片数
a	12	3
b	6	1

※分别将花瓣a缝在花芯a上，将花瓣b缝在花芯b上，一边卷一边缝合

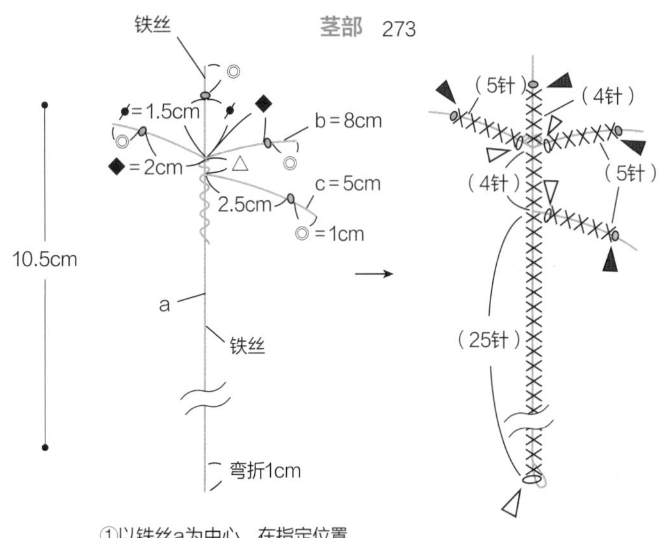

①以铁丝a为中心，在指定位置将铁丝b和c缠在铁丝a上。
②用色号为273的线包住铁丝钩织指定针数的短针（参照p.27）。

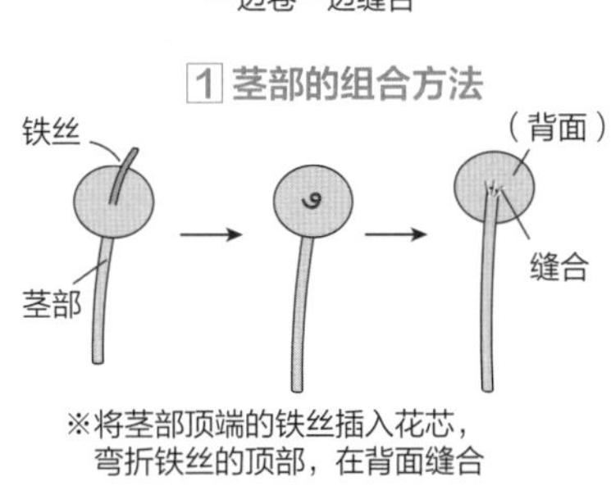

※将茎部顶端的铁丝插入花芯，弯折铁丝的顶部，在背面缝合

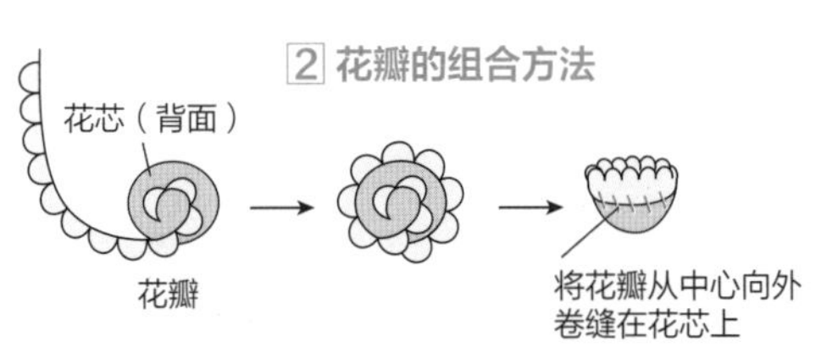

将花瓣从中心向外卷缝在花芯上

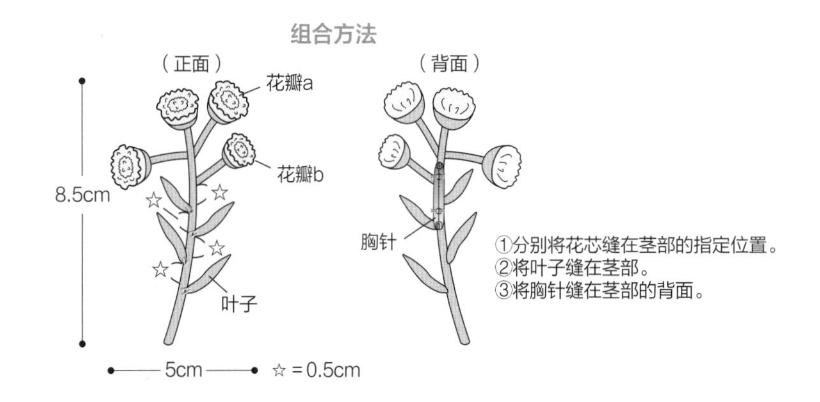

①分别将花芯缝在茎部的指定位置。
②将叶子缝在茎部。
③将胸针缝在茎部的背面。

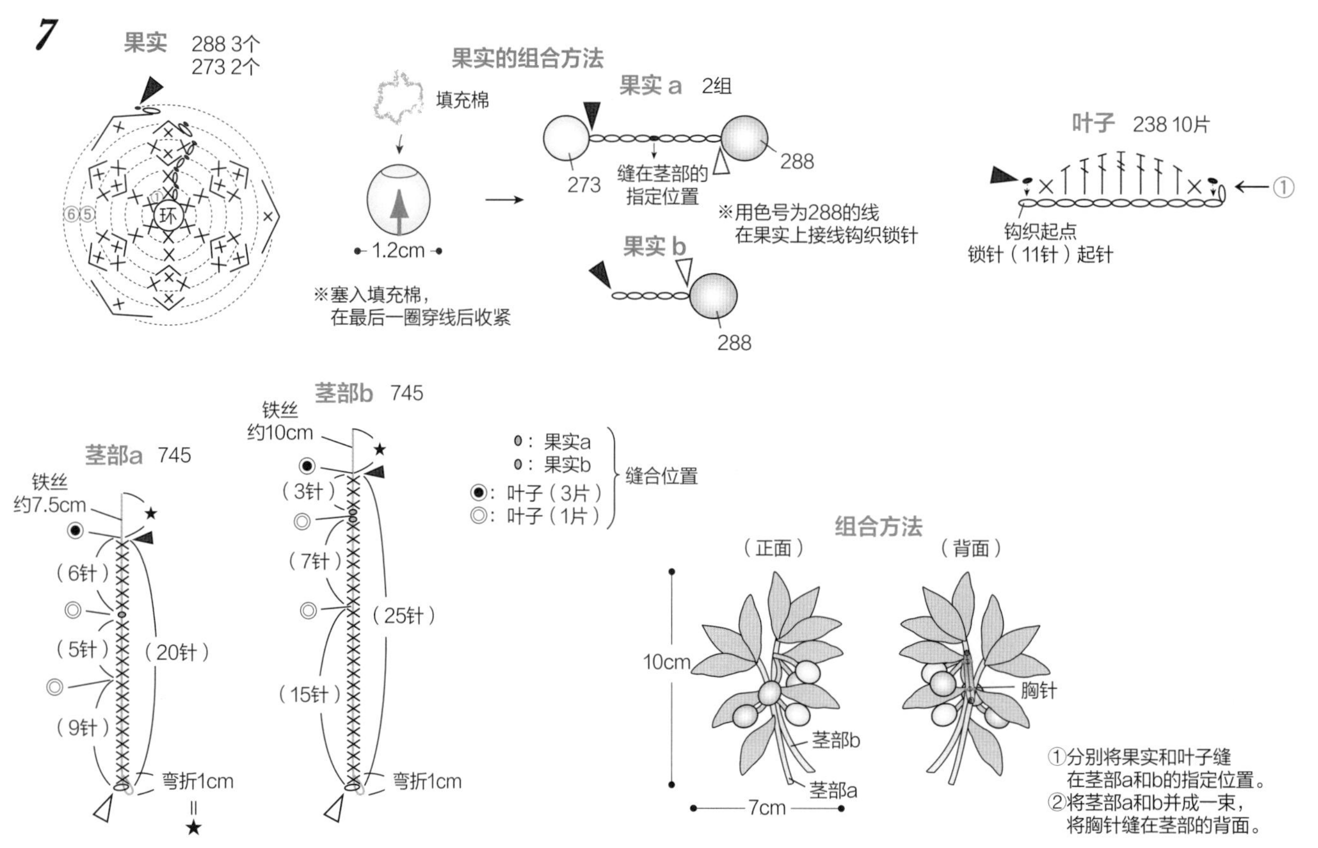

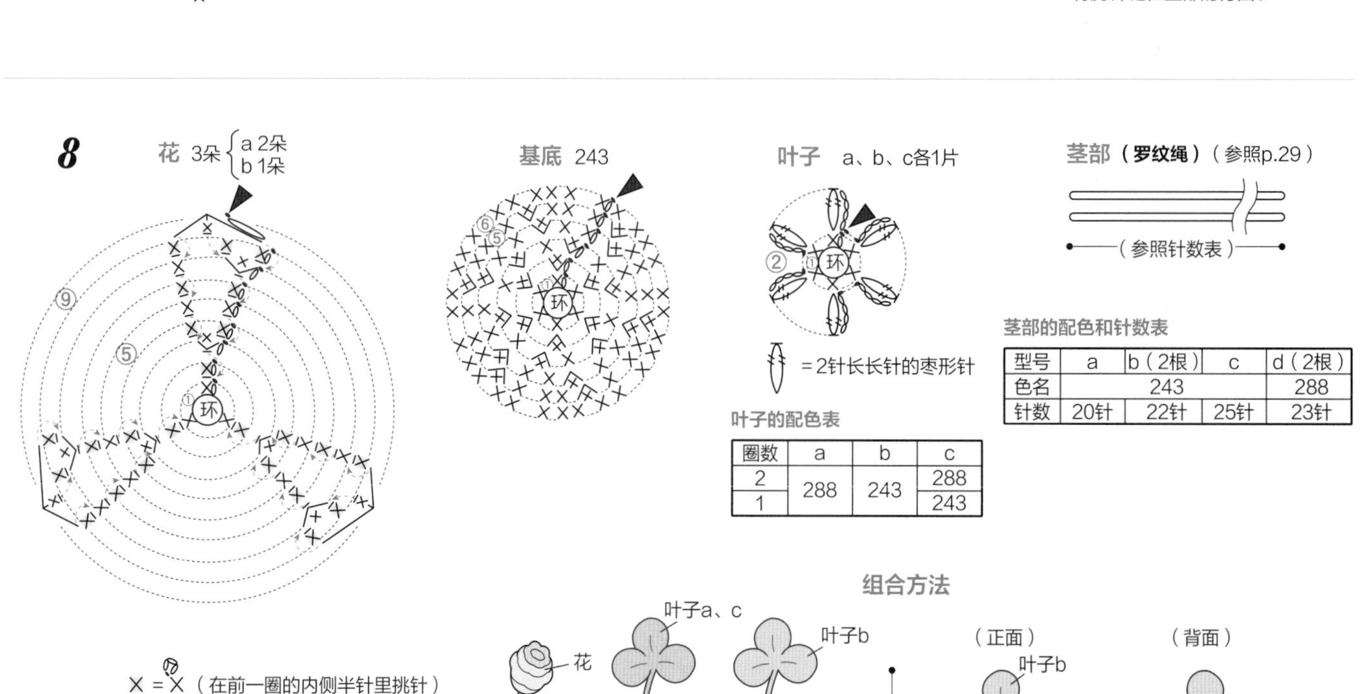

茎部的配色和针数表

型号	a	b（2根）	c	d（2根）
色名	243			288
针数	20针	22针	25针	23针

叶子的配色表

圈数	a	b	c
2	288	243	288
1			243

X = X（在前一圈的内侧半针里挑针）

奇数圈 X X X：在前2圈的外侧半针里挑针（←）
（参照p.28）

花的配色表

圈数	a的第4、6、8圈 804	b的第3、5、7、9圈 243
3~7	804	804
2	243	
1		

①将茎部缝在小花和叶子上，
用拉菲棉草扎成一束。
②将3片叶子重叠在基底（背面）上缝好。
②将胸针缝在背面的基底上。

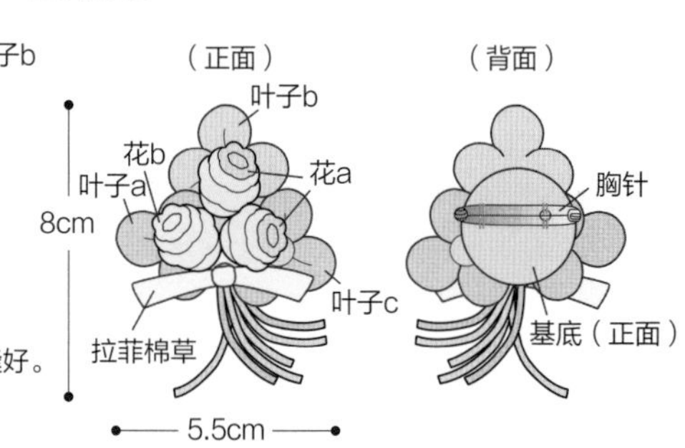

9、10

图片　p.8，9

准备材料

9　奥林巴斯 Emmy Grande ／深棕色（739）5g，红色（192）2g，Emmy Grande <Herbs> ／红色（190）1g，胸针（2.5cm）／银色 1 个，铁丝（28 号）36cm×2 根

10　奥林巴斯 Emmy Grande ／深绿色（238）2g，橄榄绿色（288）、紫色（676）各 1g，Emmy Grande <Herbs> ／深棕色（777）1g，胸针（2.5cm）／银色 1 个，铁丝（28 号）36cm×2 根

针　蕾丝针 0 号

成品尺寸　参照图示

钩织方法

9

主体部分将铁丝弯成 3 圈的圆环，一边包住铁丝钩织短针，一边钩织 5 个花样。按指定的配色和数量在主体上接线钩织小花。最后将胸针缝在主体的背面。

10

分别钩织果实、叶子和藤蔓。茎部将铁丝弯成 3 圈的圆环，包住铁丝钩织短针，然后缠上藤蔓。参照组合方法，将果实和叶子缝在茎部，最后将胸针缝在背面。

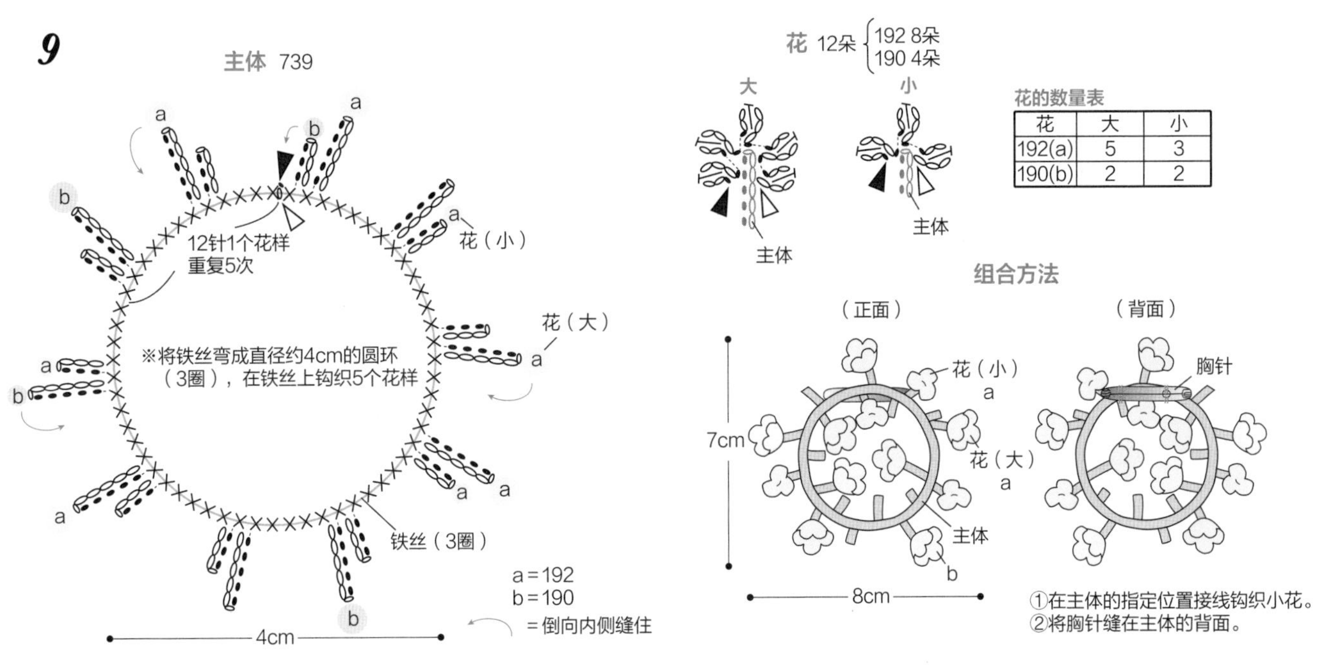

花	大	小
192(a)	5	3
190(b)	2	2

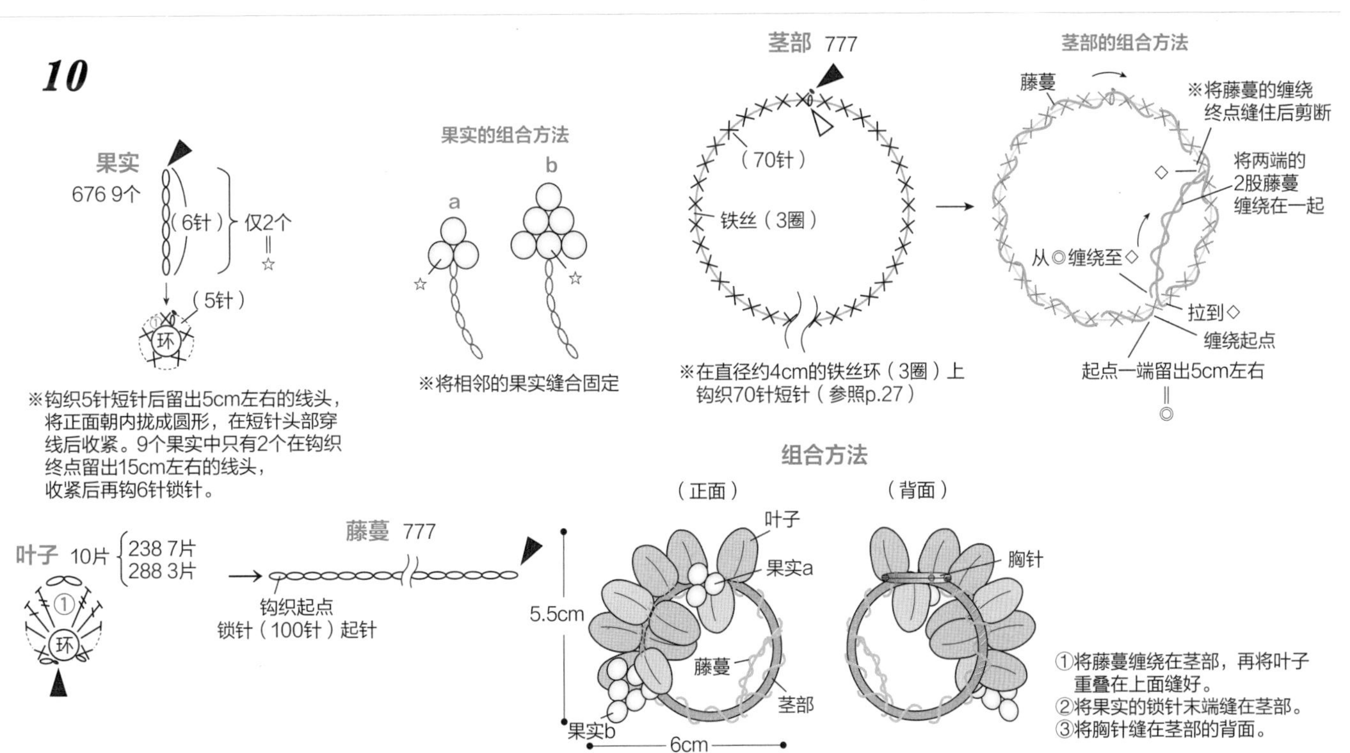

11~13

图片　p.10，11

准备材料

11 奥林巴斯 Emmy Grande <Herbs> ／白色（800）6g，黄色（582）2g，米色（721）、浅茶色（814）、浅橙色（752）各 1g，柠檬黄色（560）少量

12 奥林巴斯 Emmy Grande <Herbs> ／白色（800）6g，橙色（171）2g，黄绿色（273）、黄色（582）各 1g，Emmy Grande ／深绿色（238）、橄榄绿色（288）各 1g

13 奥林巴斯 Emmy Grande <Herbs> ／白色（800）6g，黄绿色（273）、紫色（600）各 1g，浅粉色（118）少量，Emmy Grande ／橄榄绿色（288）2g

针　蕾丝针 0 号

成品尺寸　参照图示

钩织方法

1　主体钩36针锁针起针，按编织花样环形钩织17圈。（通用）

2　***11***钩织茎部和花瓣。羊齿草a和c请参照***12***的钩织方法钩织。参照组合方法缝在主体上。最后在主体的穿绳位置穿入细绳。

3　***12***按指定配色钩织羊齿草和果实。然后按***11***相同要领组合。

4　***13***钩织小花和叶子。然后按***11***相同要领组合。

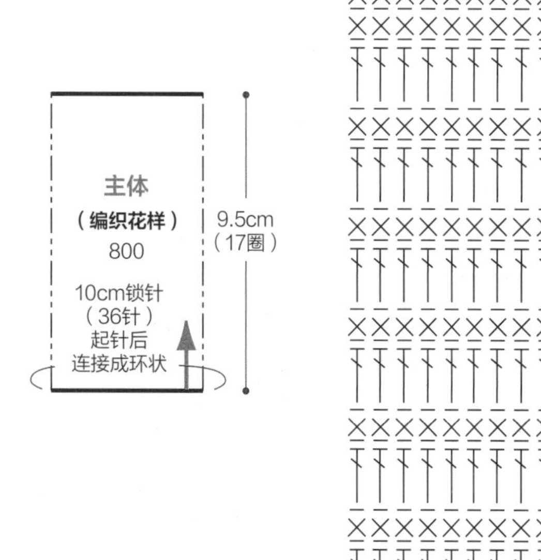

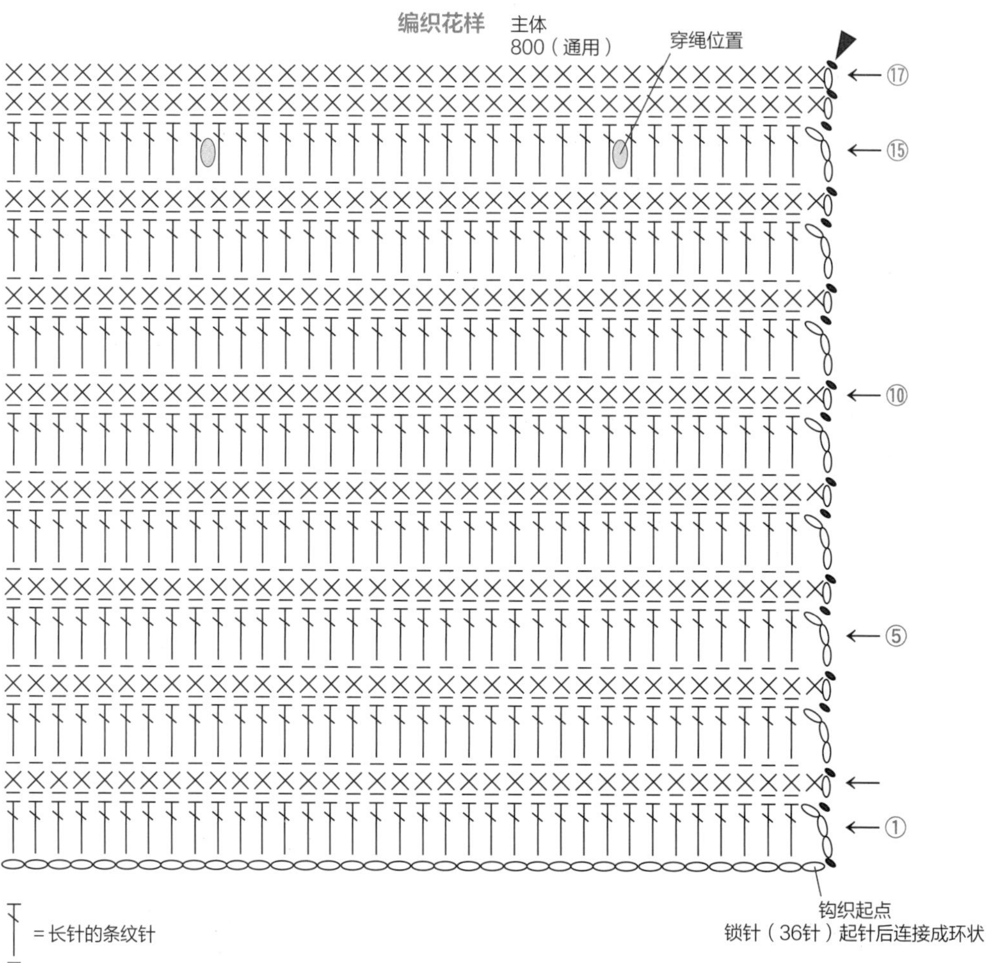

细绳的配色表

11	*12*	*13*
582	171	288

11 花瓣

※在茎部的短针里挑针钩织

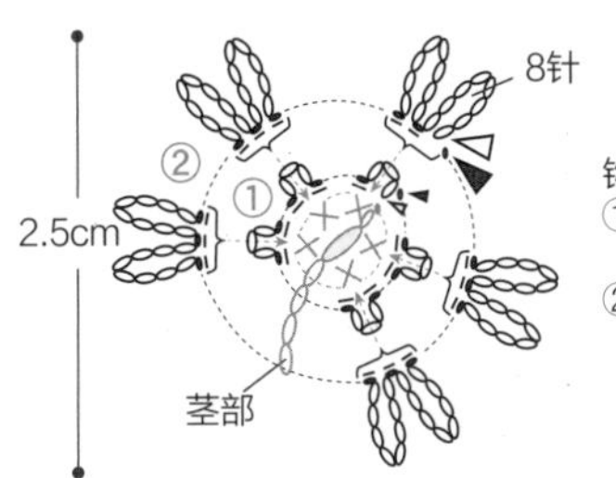

钩织方法
①第1圈重复“在茎部第1圈的内侧半针里挑针引拔，3针锁针，在第1圈的内侧半针里挑针引拔”。
②第2圈重复“在茎部第1圈的外侧半针里挑针引拔，8针锁针，在第1圈的外侧半针里挑针引拔”。

花瓣的配色表

圈数	颜色
第2圈	582
第1圈	560

11 茎部 814

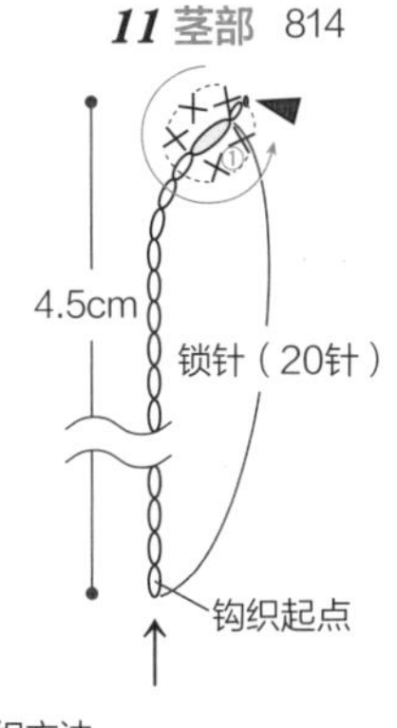

钩织方法
钩20针锁针，再钩1针立起的锁针，接着在  里挑针钩织5针短针

11 羊齿草

※钩织方法请参照*12*的羊齿草

11 羊齿草的配色表

a	c
721	752

12 羊齿草

a 5.5cm
b 5cm
c 4cm

钩织起点
锁针 a＝10针 b＝8针 c＝5针 起针

12 羊齿草的配色表

a	b	c
273	288	238

12 果实 6个 171 582 各3个

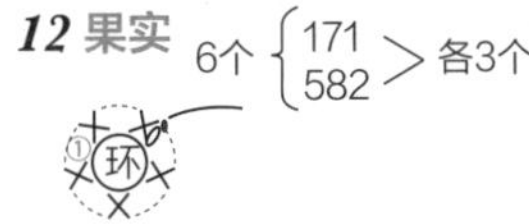

果实的组合方法

※钩织终点留出15cm左右的线头，在短针的头部穿线后，将反面朝外拉紧

13 花

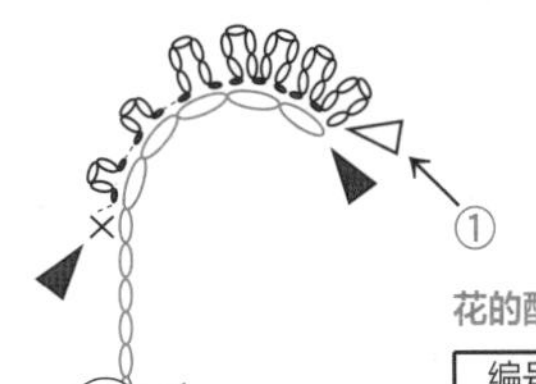

花的配色表

编号	a	b	c
花瓣	600	118	600
茎部	273		

—— ＝花瓣
—— ＝茎部

13 叶子 2片 288

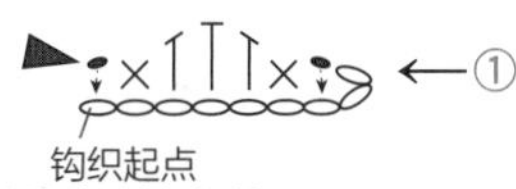

组合方法

11

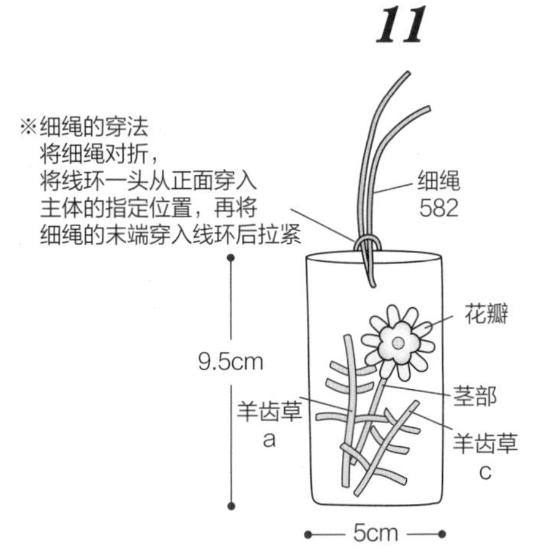

按茎部、羊齿草a和c的顺序重叠，然后分别缝合固定。

12

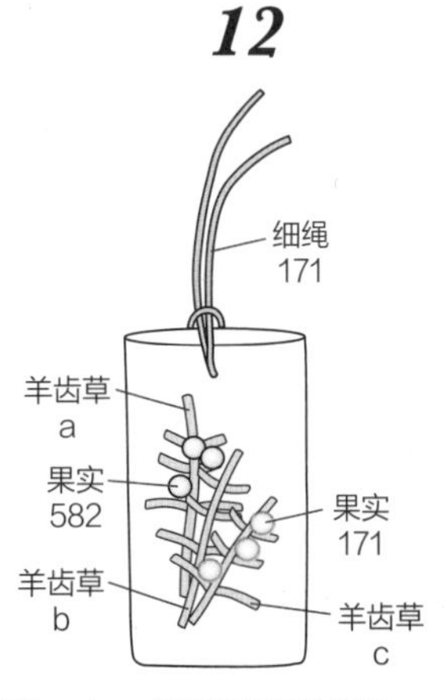

①按a、b、c的顺序重叠羊齿草，再在上面重叠果实，分别缝合固定。
②在主体上穿好细绳（*11~13*通用）

13

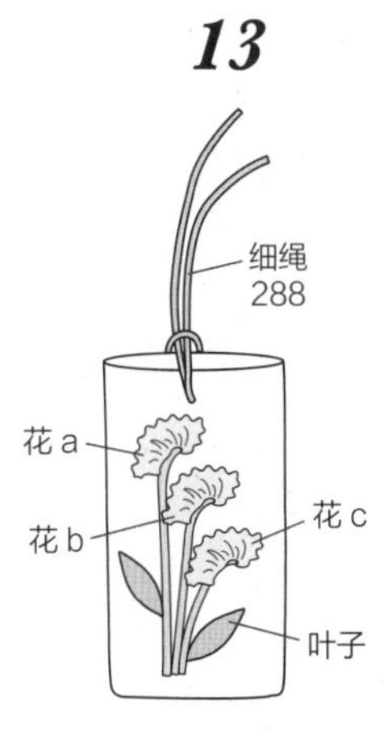

分别缝上小花和叶子。

14、15
图片 p.12，13

准备材料

14 奥林巴斯 Emmy Grande ／乳黄色（808）23g，本白色（804）14g，深粉色（104）5g，粉红色（102）3g，黄绿色（243）3g，白色（801）1g，珍珠（3mm）12 颗

15 奥林巴斯 Emmy Grande ／米色（731）23g，乳黄色（808）14g，黄色（521）2g，柠檬黄色（541）、白色（801）各 1g，Emmy Grande <Colors> ／黄绿色（229）3g，橙色（172）2g，大号圆珠（3mm）／银色 12 颗

针　蕾丝针 0 号

成品尺寸（通用）　宽 13.5cm，深 17.5cm

钩织方法（通用）

1. 底部用a色线钩25针锁针起针后开始钩织。在锁针周围挑针钩织短针，一边加针一边钩织8圈，第9圈钩织引拔针。
2. 接着用a色和b色线按编织花样一边配色一边钩织侧面。配色线无须剪断，直接拉至上面一圈。第27圈因为要穿入绳子，请注意花样的变化。最后一圈钩织边缘。
3. 钩织罗纹绳和绳端的装饰花片，将绳子穿入主体后缝上装饰花片。
4. 钩织花朵和叶子，在花朵的中心缝上珠子。
5. 参照组合方法，将花和叶子摆放在侧面缝好。

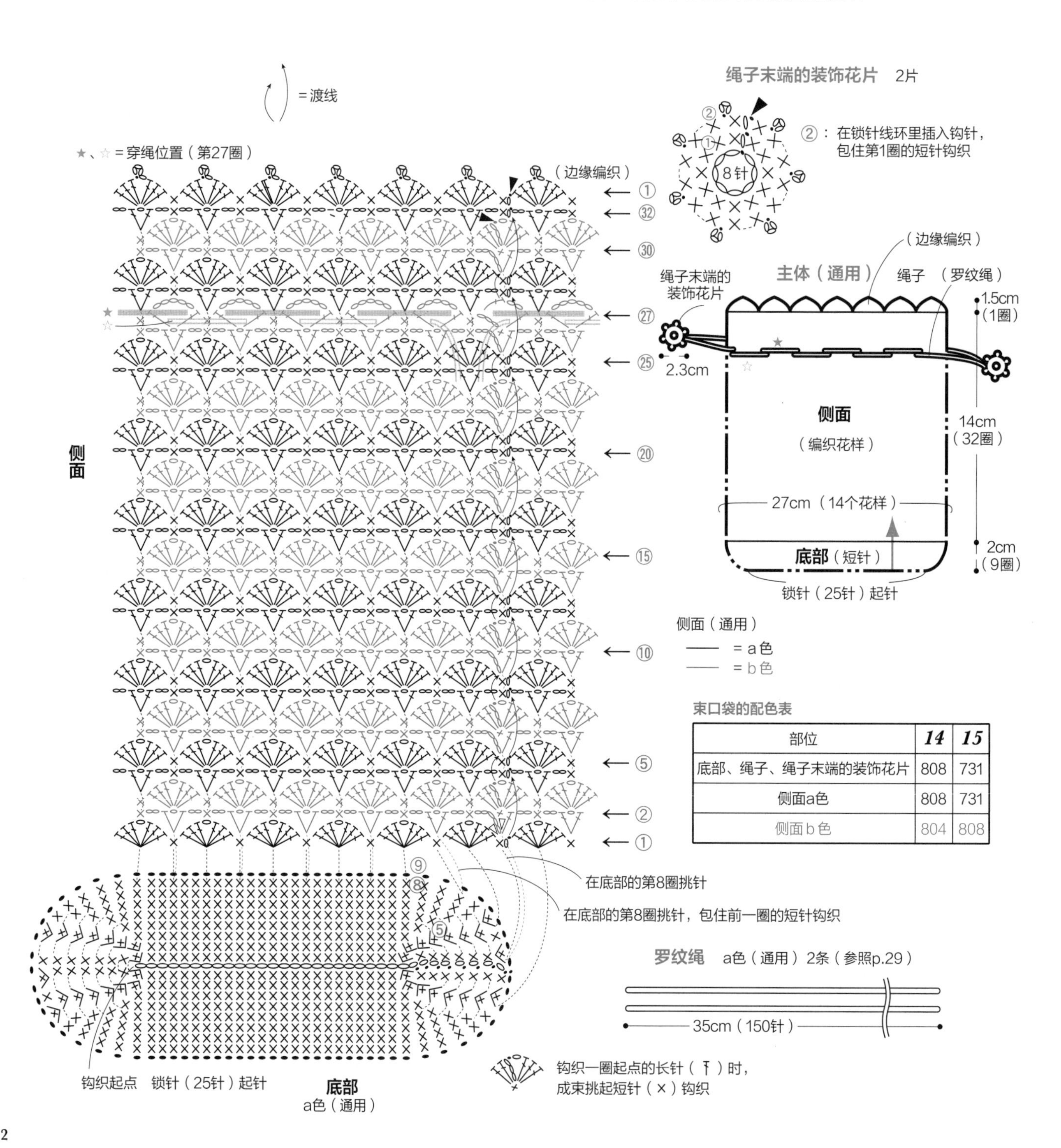

束口袋的配色表

部位	14	15
底部、绳子、绳子末端的装饰花片	808	731
侧面a色	808	731
侧面b色	804	808

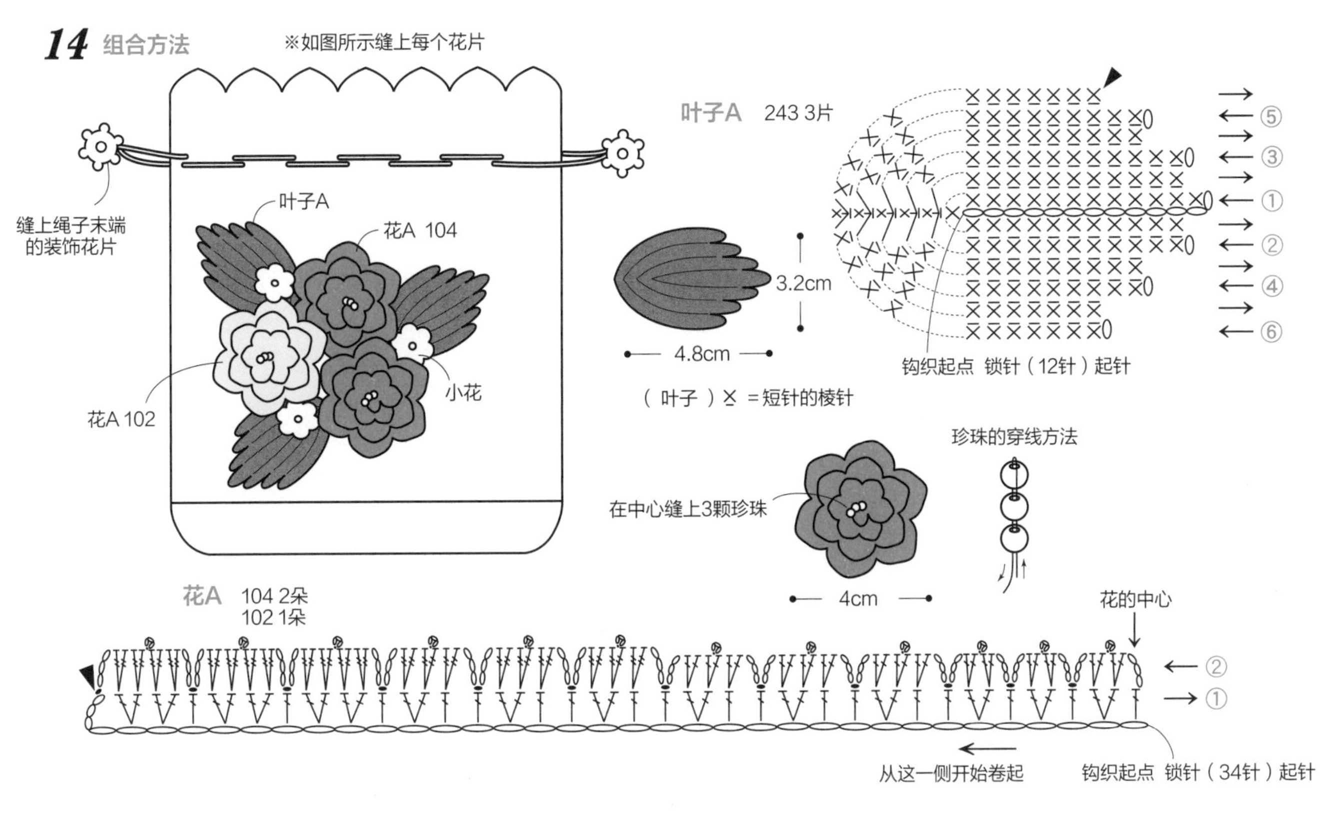

14 组合方法
※如图所示缝上每个花片
缝上绳子末端的装饰花片
叶子A
花A 104
花A 102
小花
叶子A 243 3片
3.2cm
4.8cm
钩织起点 锁针（12针）起针
（叶子）⨯̲ = 短针的棱针
珍珠的穿线方法
在中心缝上3颗珍珠
4cm
花A 104 2朵
102 1朵
花的中心
从这一侧开始卷起
钩织起点 锁针（34针）起针

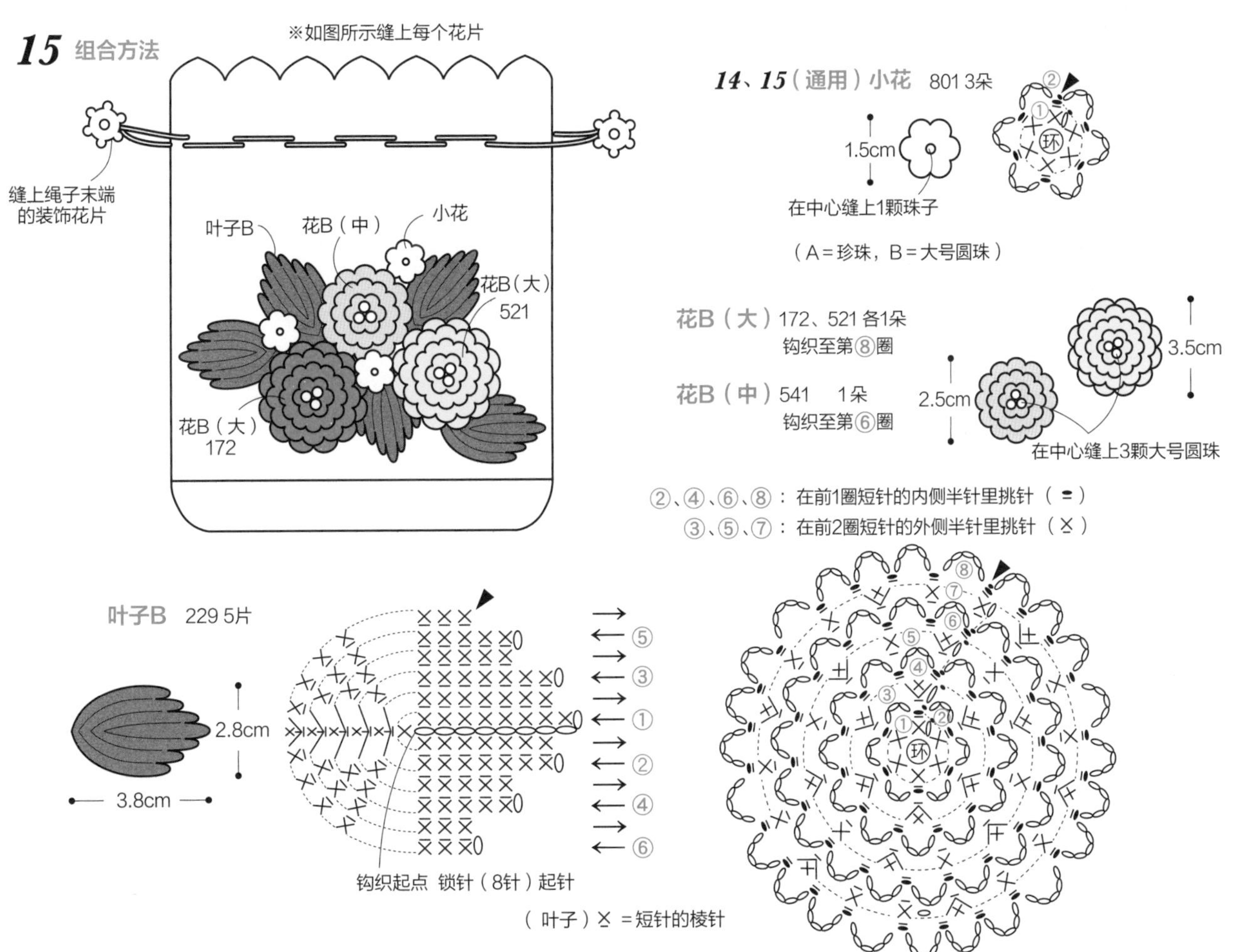

15 组合方法
※如图所示缝上每个花片
缝上绳子末端的装饰花片
叶子B
花B（中）
小花
花B（大）
521
花B（大）
172
14、15（通用）小花 801 3朵
1.5cm
在中心缝上1颗珠子
（A＝珍珠，B＝大号圆珠）
花B（大）172、521 各1朵
钩织至第⑧圈
花B（中）541 1朵
钩织至第⑥圈
3.5cm
2.5cm
在中心缝上3颗大号圆珠
②、④、⑥、⑧：在前1圈短针的内侧半针里挑针
③、⑤、⑦：在前2圈短针的外侧半针里挑针
叶子B 229 5片
2.8cm
3.8cm
钩织起点 锁针（8针）起针
（叶子）⨯̲ = 短针的棱针

16、*17*

图片 p.14，15 重点教程 p.30

准备材料

16 奥林巴斯 Emmy Grande／本白色（804）16g，浅蓝色（364）少量，Emmy Grande <Colors>／蓝紫色（354）、浅绿色（244）、白色（801）各 1g，蓝色（368）少量，和麻纳卡 包用口金（宽约 7.5cm× 高约 4cm）／古铜色（H207-008）1 个

17 奥林巴斯 Emmy Grande <Herbs>／米色（721）16g，黄绿色（273）2g，Emmy Grande／粉红色（102）2g，柠檬黄色（541）、茶色（736）各 1g，Emmy Grande <Colors>／本白色（804）2g，和麻纳卡 包用口金（宽约 7.5cm× 高约 4cm）／古铜色（H207-008）1 个

针 蕾丝针 0 号

成品尺寸 宽9.5cm，深9cm（不含口金）

钩织方法（通用）

1 钩织2片主体。环形起针，一边加针一边环形钩织短针至第17圈，第18圈只需钩织指定位置。

2 钩织小花和叶子等，参照组合方法错落有致地摆放在主体上缝好。

3 参照组合方法，缝合口金和主体。

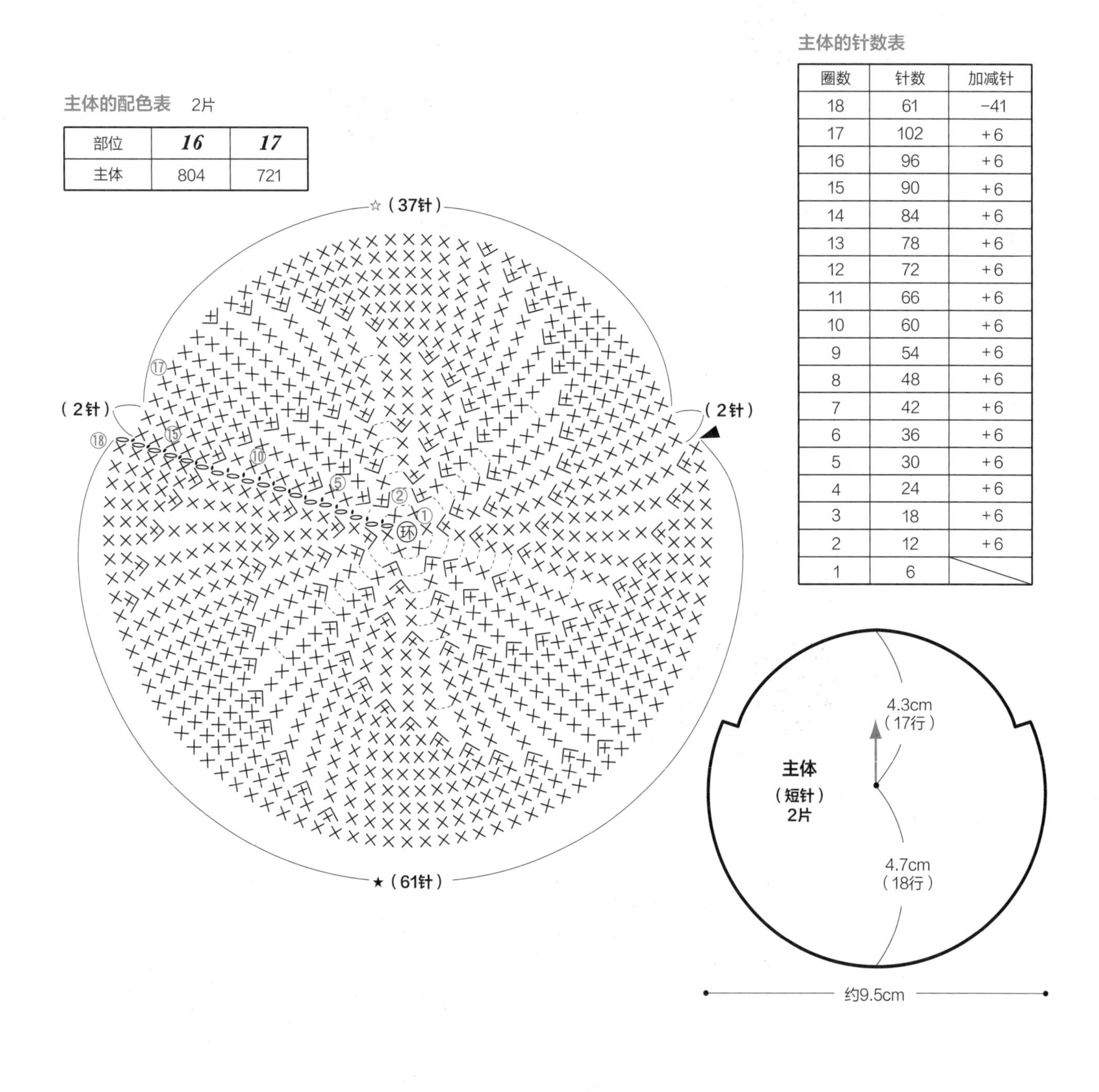

主体的配色表 2片

部位	*16*	*17*
主体	804	721

主体的针数表

圈数	针数	加减针
18	61	-41
17	102	+6
16	96	+6
15	90	+6
14	84	+6
13	78	+6
12	72	+6
11	66	+6
10	60	+6
9	54	+6
8	48	+6
7	42	+6
6	36	+6
5	30	+6
4	24	+6
3	18	+6
2	12	+6
1	6	

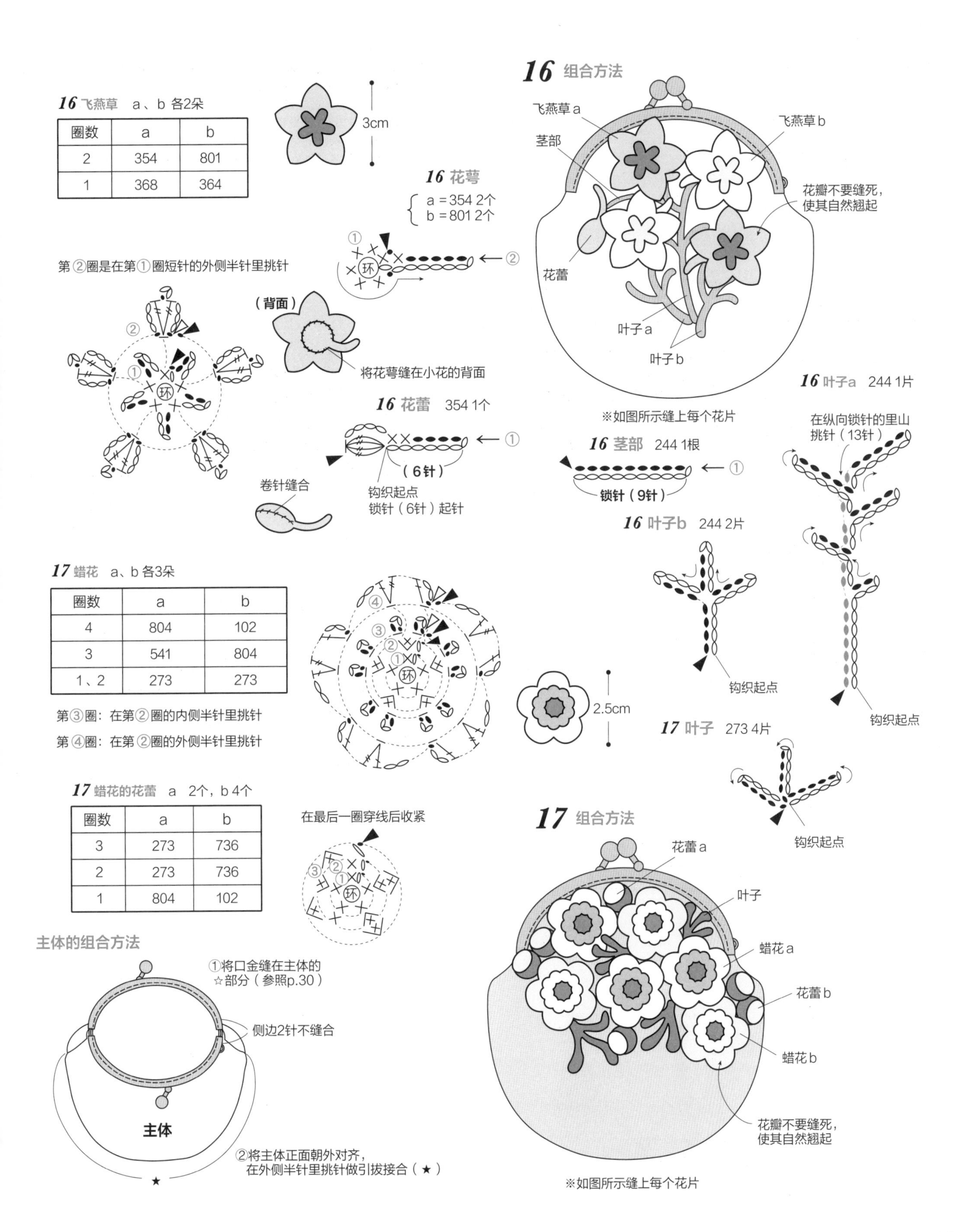

16 飞燕草　a、b 各2朵

圈数	a	b
2	354	801
1	368	364

17 蜡花　a、b 各3朵

圈数	a	b
4	804	102
3	541	804
1、2	273	273

17 蜡花的花蕾　a　2个，b 4个

圈数	a	b
3	273	736
2	273	736
1	804	102

18、19

图片 p.16，17　重点教程　p.30

准备材料

18 DMC CEBELIA 10 号／米色系（ECRU）18g，黄绿色系（3364）15g，橙色系（741）12g

19 DMC CEBELIA 10 号／藏青色系（823）18g，浅绿色系（964）15g，白色系（B5200）12g

针　蕾丝针 0 号

成品尺寸　宽约18cm，深15cm

钩织方法（通用）

1. 底部环形起针，一边在每圈加针，一边钩织25圈短针。
2. 花片钩4针锁针连接成环状起针，如图所示钩织至第5圈。从第2个花片开始，在第5圈与相邻花片做连接，一共钩织并连接30个花片。
3. 边缘是在连接花片的针脚里挑针，如图所示一边配色一边按短针的条纹针配色花样钩织10圈，最后钩织1圈引拔针。
4. 在花片的第5圈锁针里挑针钩织，填补连接花片的空隙。
5. 钩织绳子，将绳子穿入边缘。最后制作流苏，缝在绳子末端。

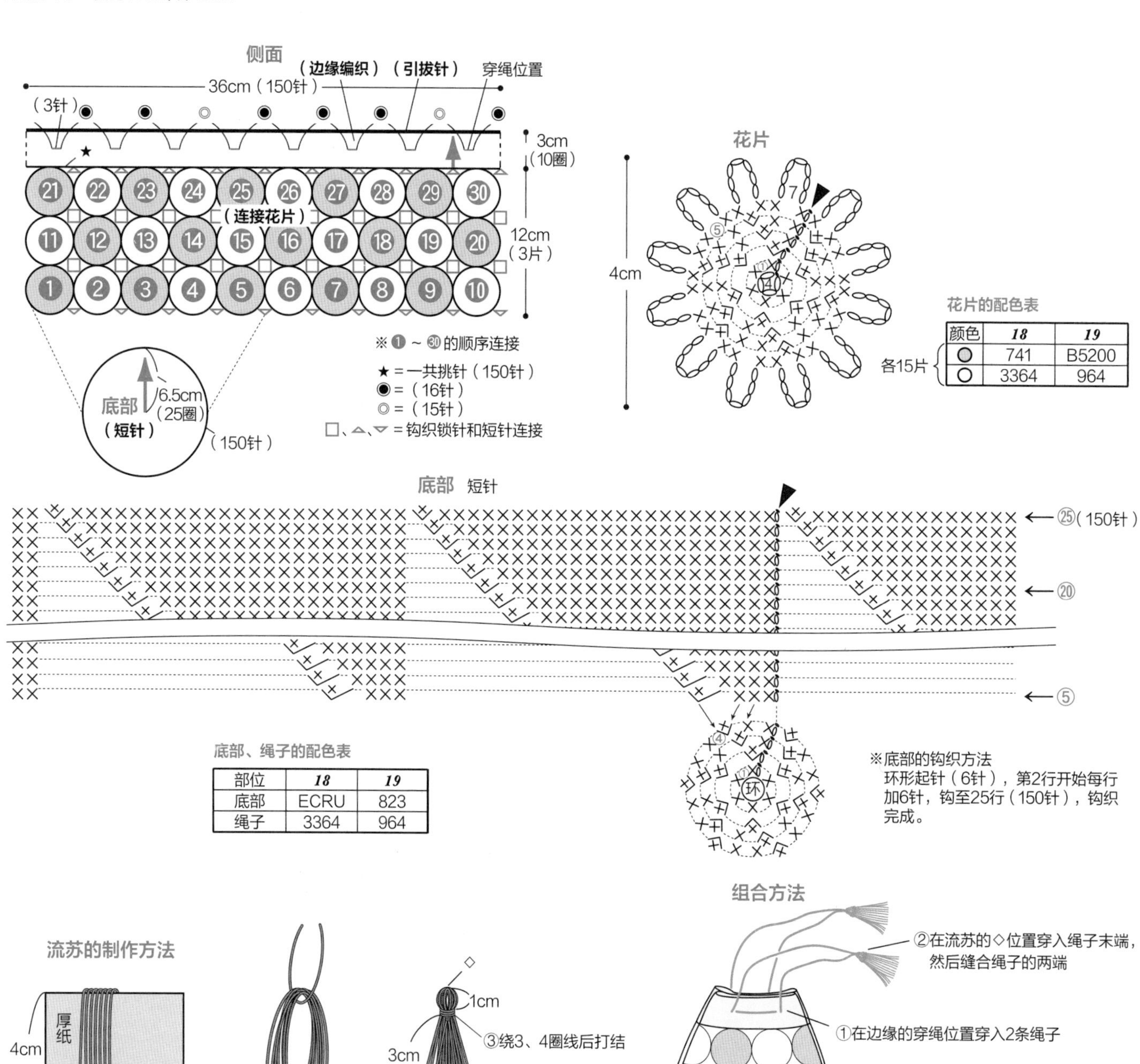

花片的配色表

颜色	18	19
◎（各15片）	741	B5200
○（各15片）	3364	964

底部、绳子的配色表

部位	18	19
底部	ECRU	823
绳子	3364	964

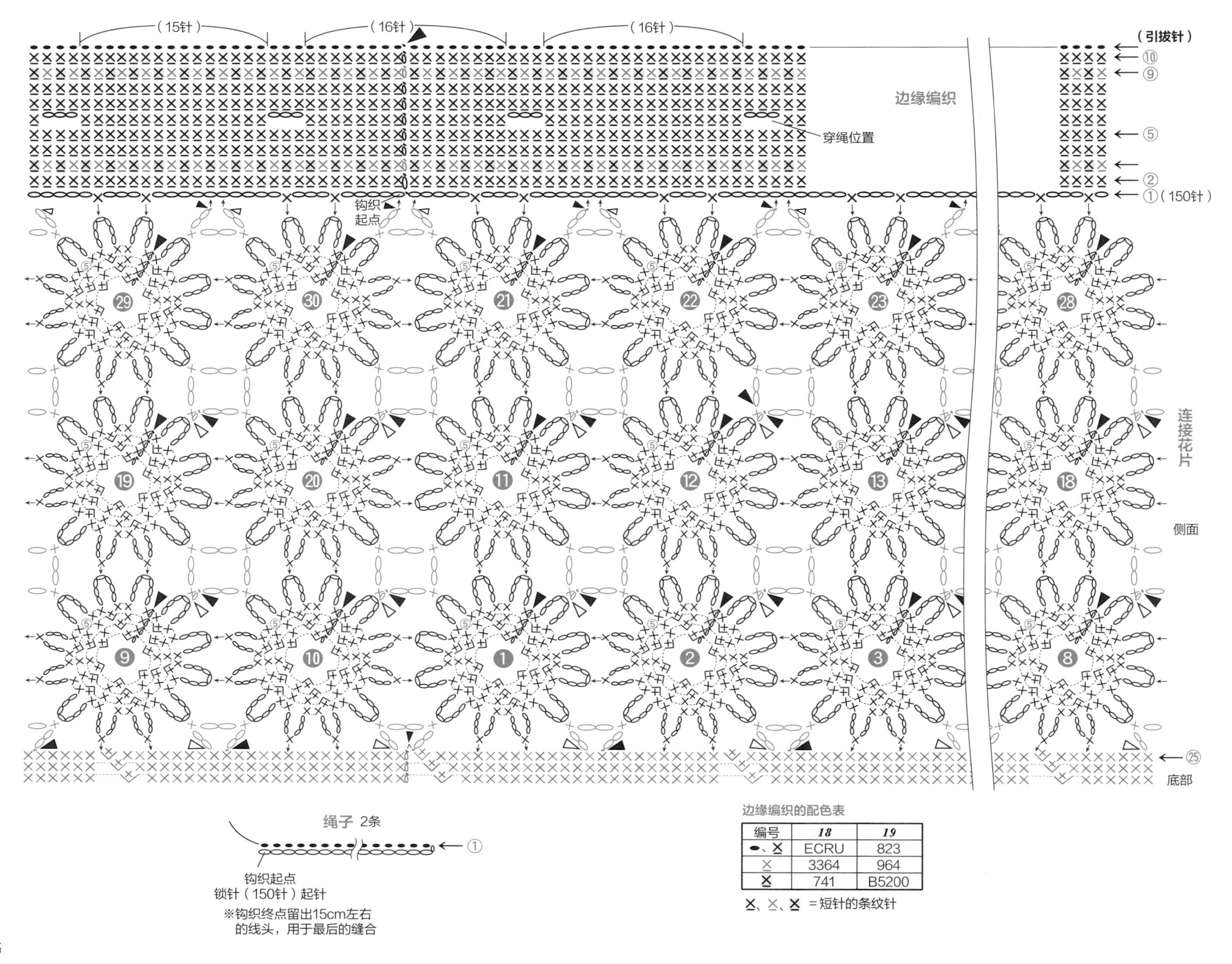

边缘编织的配色表

编号	18	19
●、X	ECRU	823
X	3364	964
X	741	B5200

X、X、X =短针的条纹针

20、21

图片 p.18，19　重点教程　p.31

准备材料

20 DMC CEBELIA 10 号／黄绿色系（989）22g，黄色系（743）7g，米色系（746）6g，绿色系（699）8g

21 DMC CEBELIA 10 号／米色系（ECRU）12g，绿色系（699）12g，粉红色系（3326）11g

针　蕾丝针 0 号

成品尺寸

20 宽 15.5cm，深约 19.5cm

21 宽 15.5cm，深 17.5cm

钩织方法

20

1 底部钩58针锁针起针。在锁针周围挑针钩织120针短针，接着按短针的条纹针配色花样钩织主体，无须减针钩织至第57圈（参照p.31“短针的条纹针配色花样的钩织方法”，按相同要领钩织）。然后钩织1圈边缘。

2 制作2根相同的提手。钩70针锁针起针，在锁针的周围挑针钩织142针短针。从第2圈开始，如图所示一边钩织一边在两端加针。再用黄色系（743）的线在中心的起针位置钩织引拔针。

3 参照组合方法，将提手缝在主体外侧的指定位置。

21

1 底部钩58针锁针起针。在锁针周围挑针钩织120针短针，接着按短针的条纹针配色花样钩织主体，无须减针钩织至第54圈（参照p.31“短针的条纹针配色花样的钩织方法”，按相同要领钩织）。

2 制作2根相同的提手。钩75针锁针起针，按指定配色往返钩织6行短针。

3 参照组合方法，将提手缝在主体内侧的指定位置。

20 主体

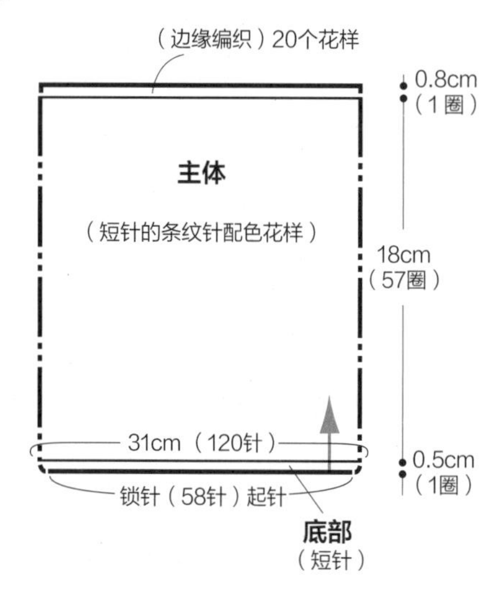

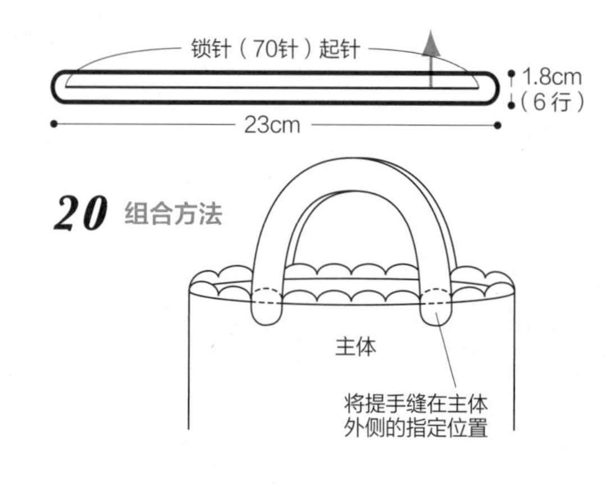

21 主体

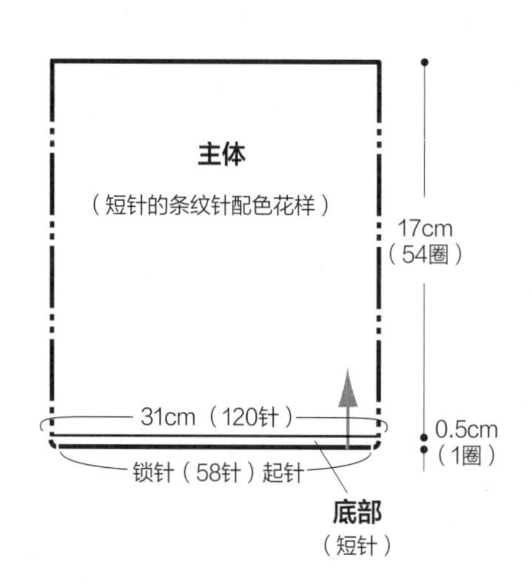

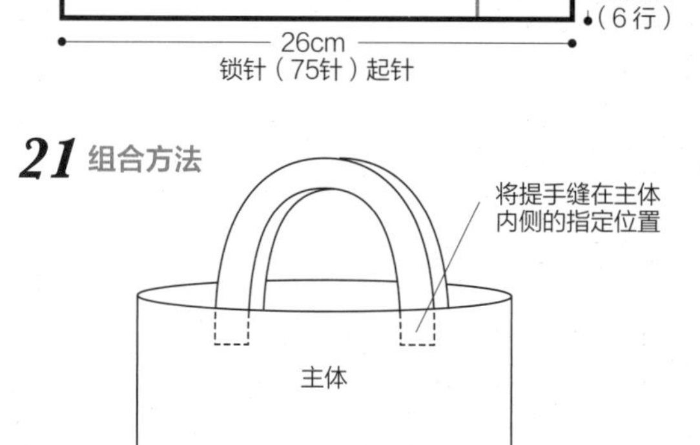

配色表

颜色	***20***
□	989
□	743
□	746
■	699

□、□、□、■ = ×（短针的条纹针）

※配色花样中配色线的换线方法，请参照p.31“短针的条纹针配色花样的钩织方法”，按相同要领钩织。

20 提手 989

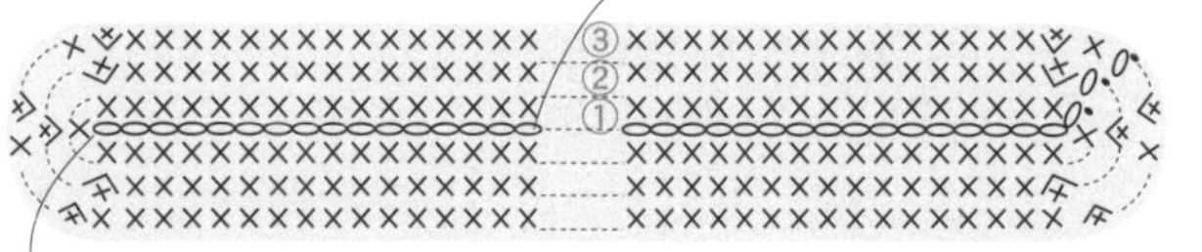

20 主体

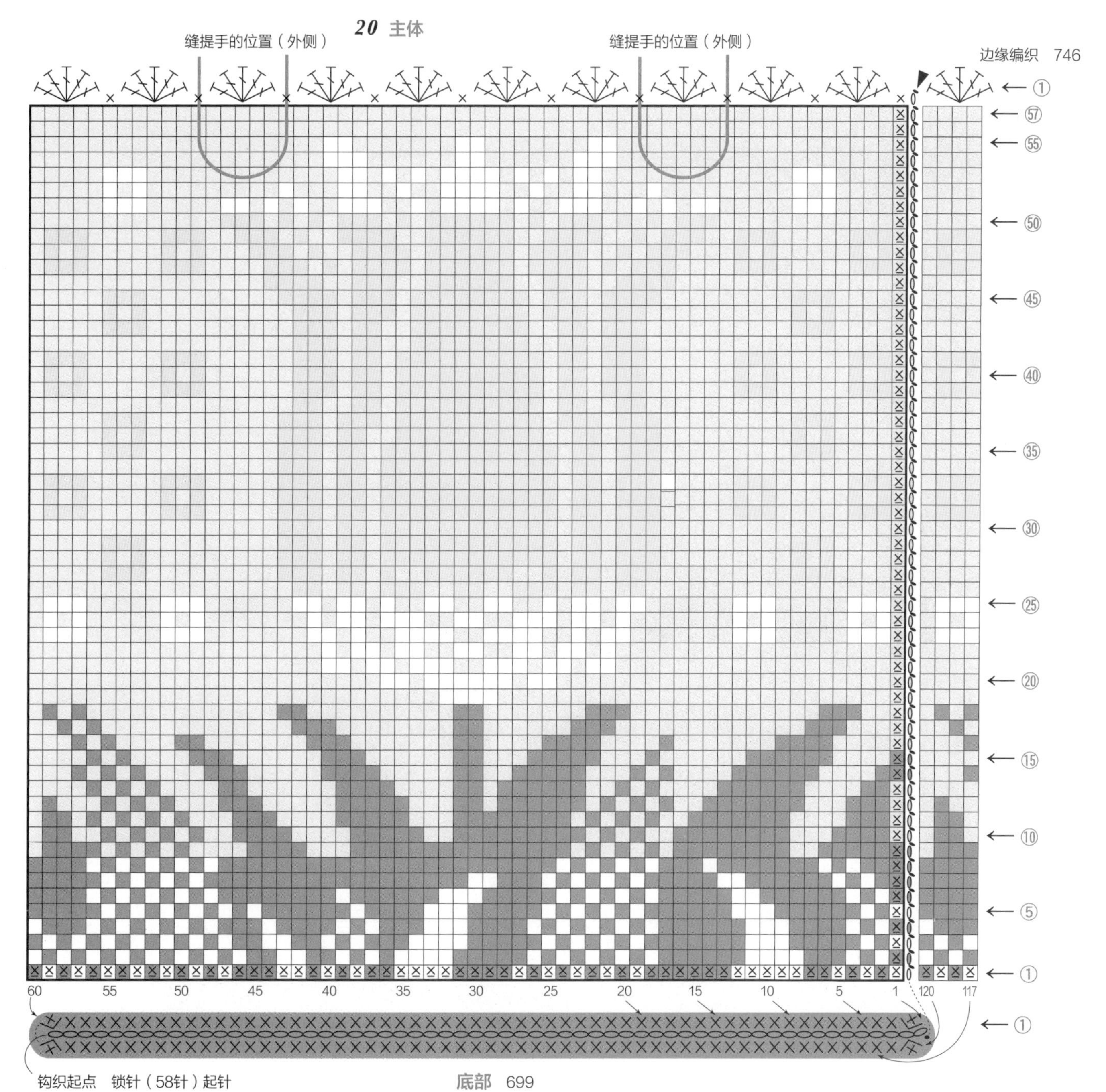

21 提手

⑥（699）
⑤
②（3326）
①（699）

钩织起点
锁针（75针）起针

※配色花样中配色线的换线方法，
请参照p.31“短针的条纹针配色花样的钩织方法”。

配色表

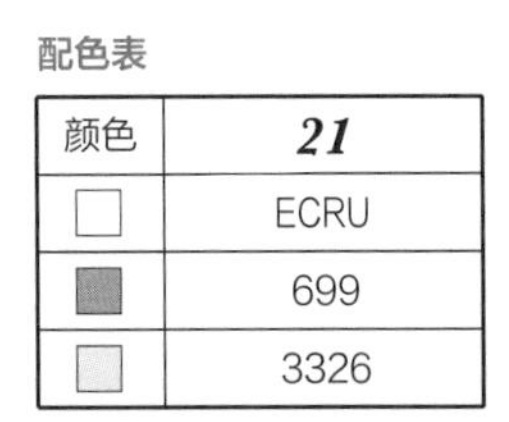

颜色	21
□	ECRU
■	699
□	3326

□、■、□ = ⨯（短针的条纹针）

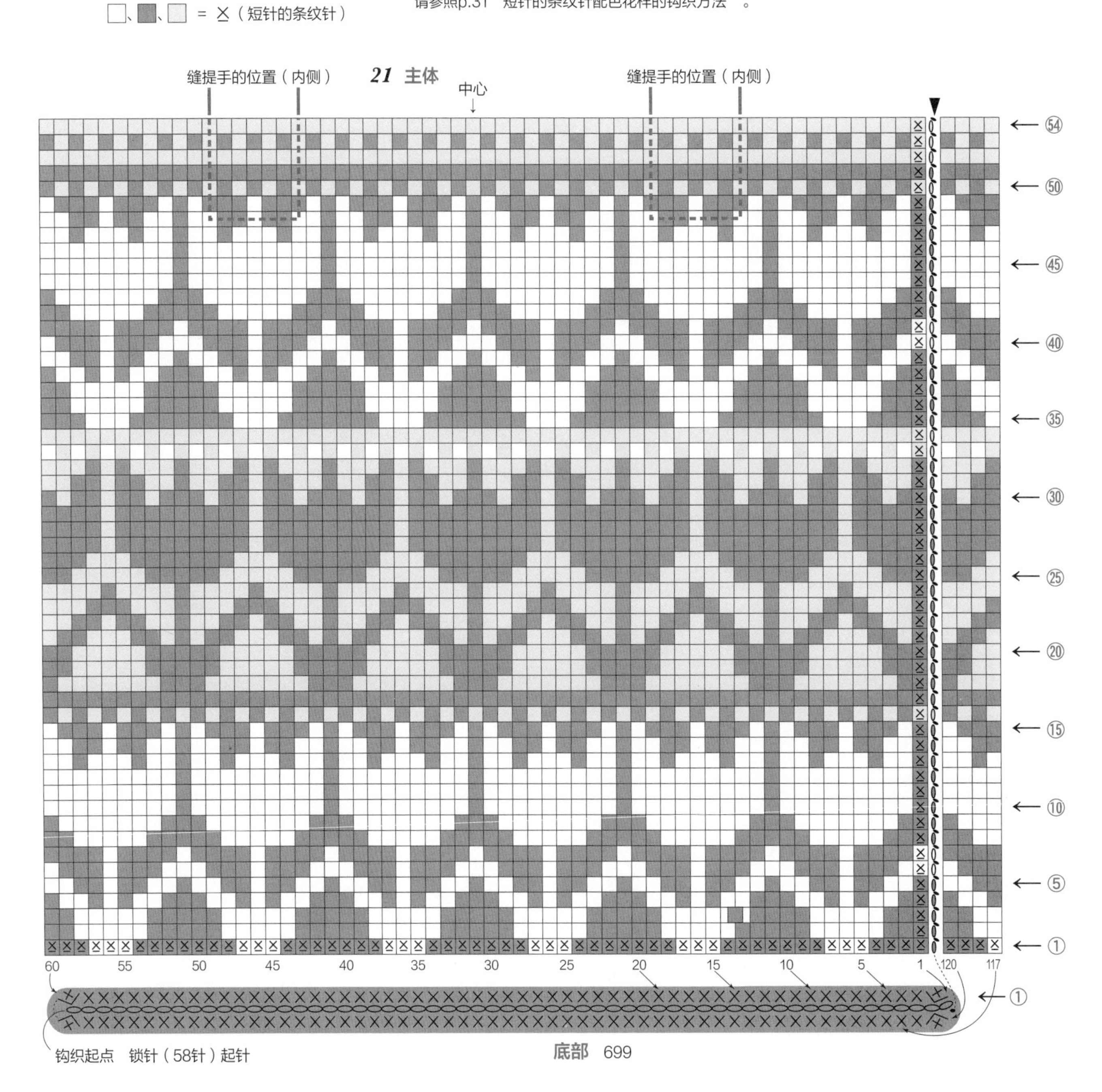

22、23

图片 p.20，21　重点教程 p.30

准备材料

22 奥林巴斯 Emmy Grande／深绿色（238）9g，粉红色（102）8g，深粉色（104）7g，Emmy Grande <Colors>／粉红色（155）5g，铁丝（20号）36cm×2根，珍珠（3mm）9颗

23 奥林巴斯 Emmy Grande／黄绿色（243）3g，浅绿色（241）2g，Emmy Grande <Colors>／本白色（804）、深绿色（265）各6g，浅绿色（244）3g，黄绿色（229）2g，铁丝（20号）36cm×2根，木珠／米色（5mm）8颗，棕色（6mm）4颗

针　蕾丝针0号

成品尺寸　参照图示

钩织方法

22

1. 花瓣a和b环形起针，a钩织2片（10圈），b钩织3片（6圈）。
2. 花瓣c和叶子参照图示分别钩织指定片数。再将珠子缝在叶子上。
3. 花蕾和花萼分别钩织2片。
4. 将2根铁丝弯成直径10cm的圆环，参照编织图钩织基底。
5. 参照组合方法，分别将各部分缝在基底上。

23

1. 参照图示，分别钩织指定数量的花蕾、叶子a~c、茎部和藤蔓。
2. 分别将珠子缝在叶子b和c上。
3. 将2根铁丝弯成直径10cm的圆环，参照编织图钩织基底。
4. 参照组合方法，分别将各部分缝在基底上。

22 花瓣a、b

a：102（10圈）2片
b：104（6圈）3片

X = X：花瓣a第7圈的外钩短针，是从前一层花瓣的反面入针，挑取第4圈短针的针脚

22 花瓣c、花蕾的组合方法（参照p.30）

22 花瓣c

花A：104（2片）
花B：155（3片）

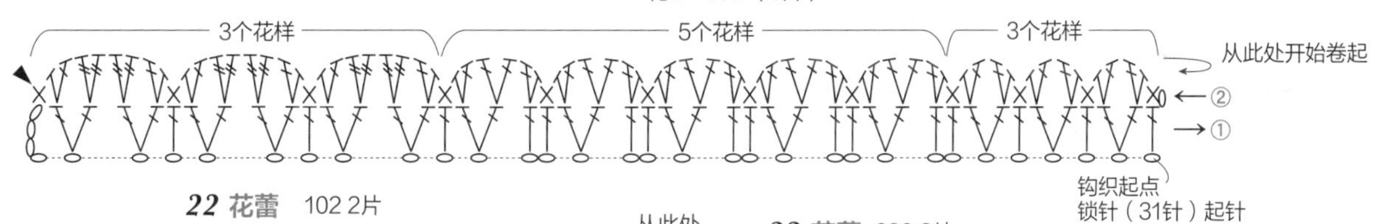

22 花蕾　102 2片

3个花样　3个花样

从此处开始卷起

钩织起点
锁针（19针）起针

22 花萼　238 2片

22、23 叶子（通用）

22 238　**23** 265

22
- 叶子a 珠子3颗 1片
- 叶子b 珠子2颗 3片
- 叶子c 不加珠子 3片

23 叶子a 不加珠子 2片

第2片　第3片　第1片

钩织起点
锁针（13针）起针

● ＝缝珍珠的位置

叶子的组合方法

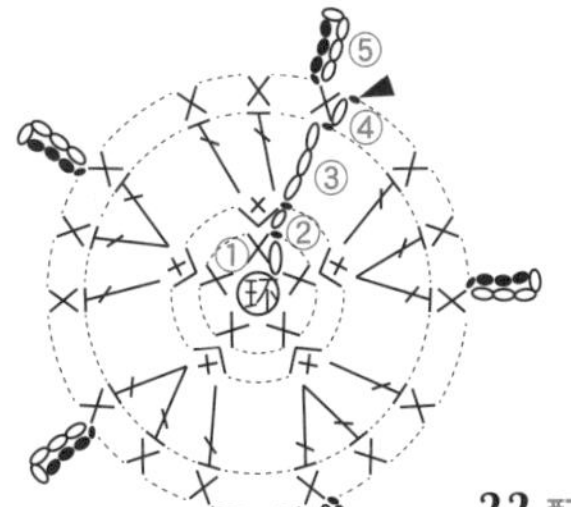

22 配色及各部分的组成表

部位	组成部分和配色	数量	珠子
花A	花瓣a（102）	2片	
	花瓣c（104）	2片	
花B	花瓣b（104）	3片	
	花瓣c（155）	3片	
花蕾	花蕾（102）	2片	
花萼	花萼（238）	2片	
叶子	叶子a（238）	1片	3颗
	叶子b（238）	3片	2颗
	叶子c（238）	3片	

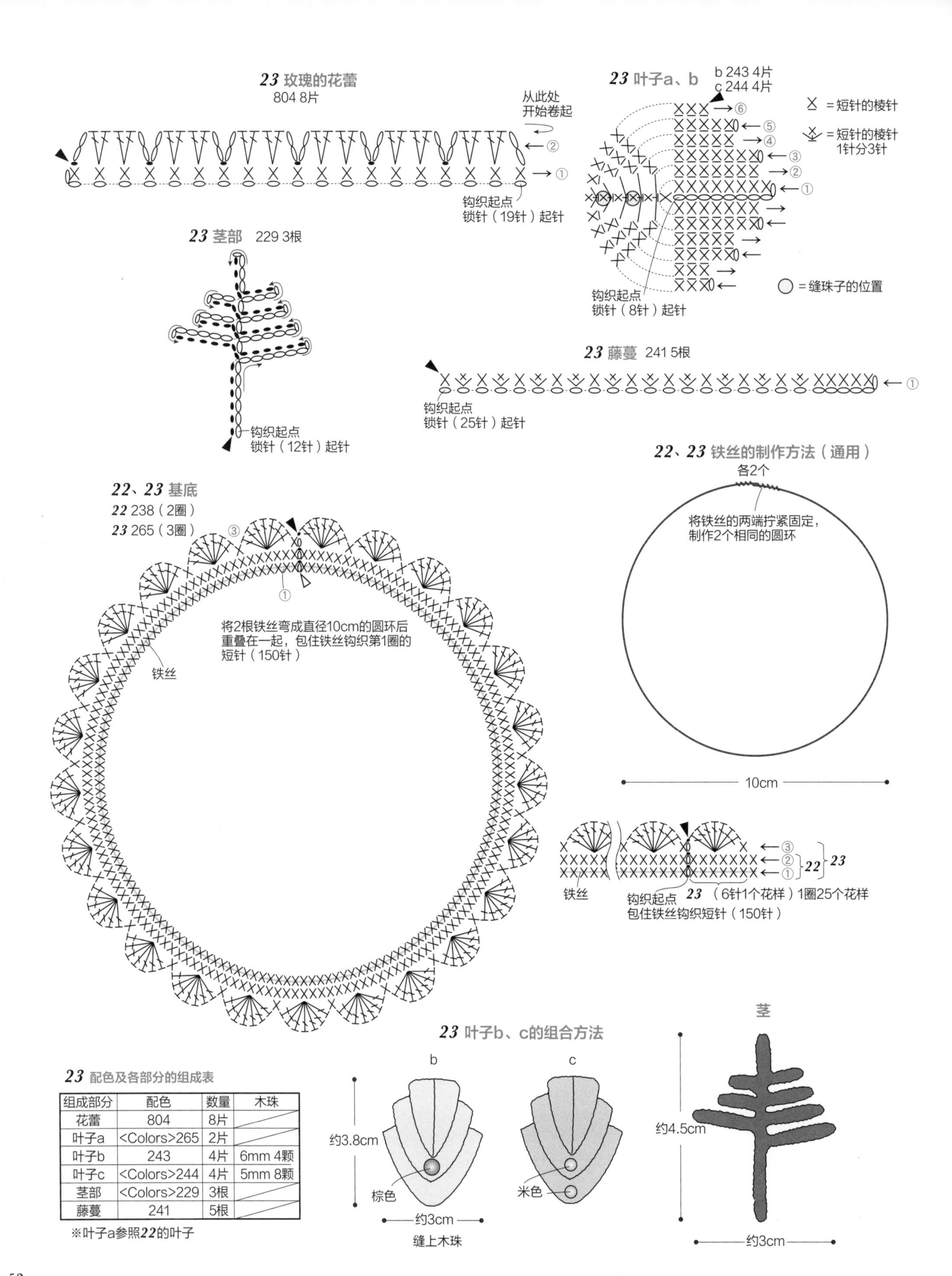

23 配色及各部分的组成表

组成部分	配色	数量	木珠
花蕾	804	8片	
叶子a	<Colors>265	2片	
叶子b	243	4片	6mm 4颗
叶子c	<Colors>244	4片	5mm 8颗
茎部	<Colors>229	3根	
藤蔓	241	5根	

※叶子a参照22的叶子

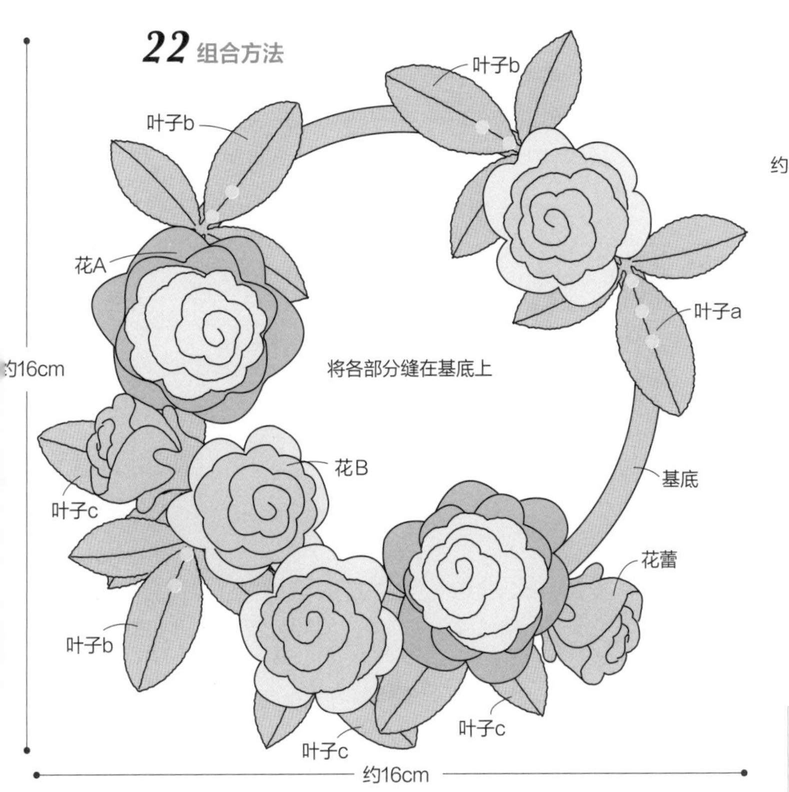
22 组合方法
叶子b
叶子b
花A
约16cm
将各部分缝在基底上
叶子a
叶子c
花B
基底
花蕾
叶子b
叶子c
叶子c
约16cm

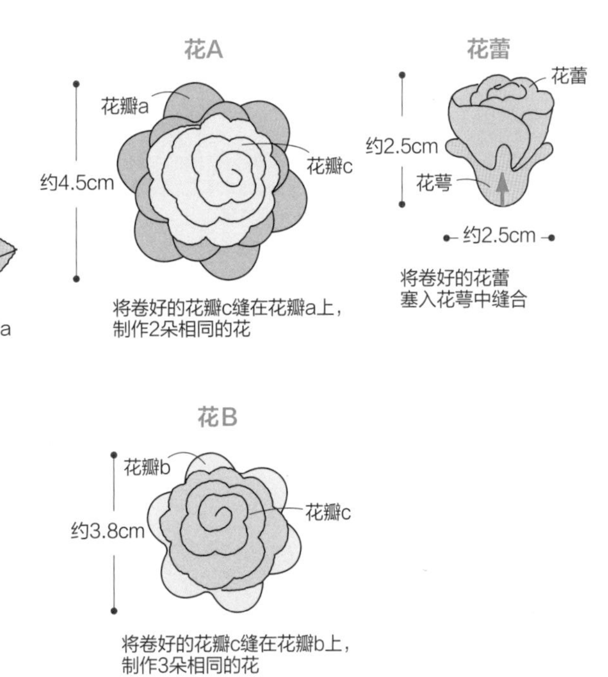
花A
花瓣a
约4.5cm
花瓣c
将卷好的花瓣c缝在花瓣a上，
制作2朵相同的花
花蕾
花蕾
约2.5cm
花萼
约2.5cm
将卷好的花蕾
塞入花萼中缝合
花B
花瓣b
约3.8cm
花瓣c
将卷好的花瓣c缝在花瓣b上，
制作3朵相同的花

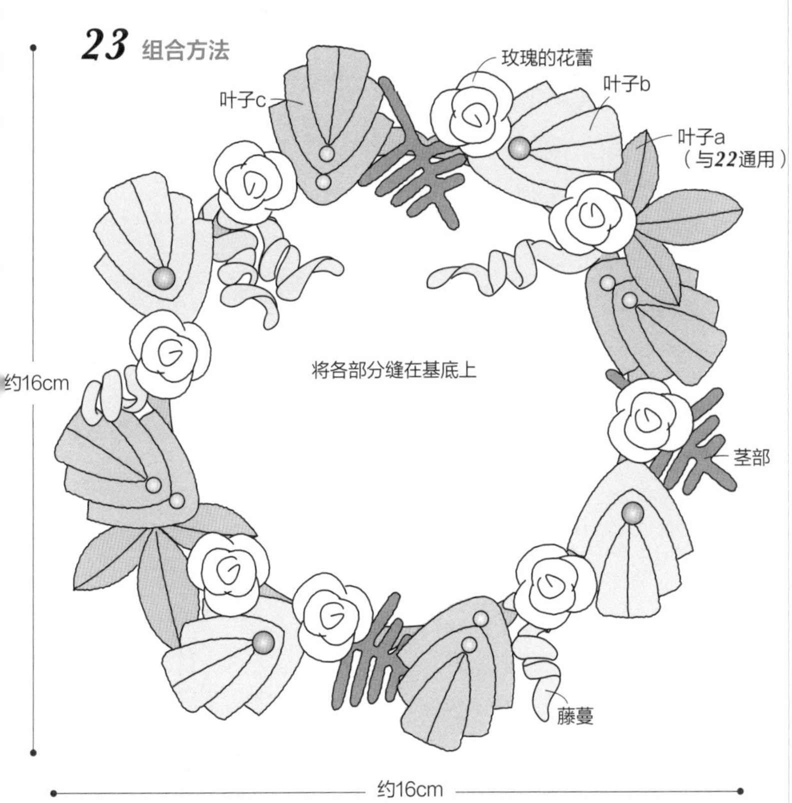
23 组合方法
玫瑰的花蕾
叶子c
叶子b
叶子a
（与22通用）
约16cm
将各部分缝在基底上
茎部
藤蔓
约16cm

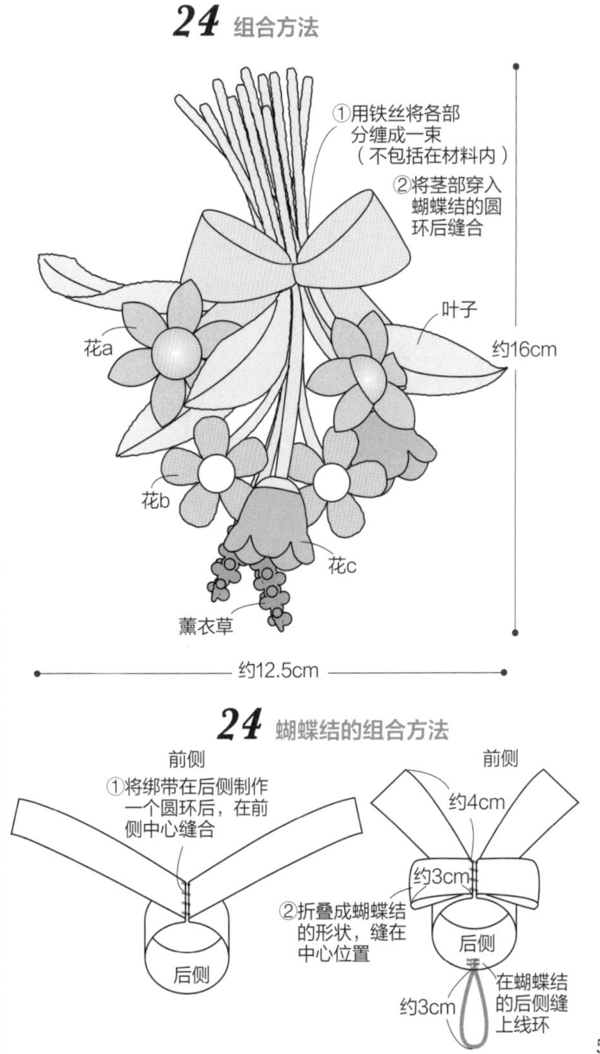
24 组合方法
①用铁丝将各部
分缠成一束
（不包括在材料内）
②将茎部穿入
蝴蝶结的圆
环后缝合
叶子
花a
约16cm
花b
花c
薰衣草
约12.5cm
24 蝴蝶结的组合方法
前侧
①将绑带在后侧制作
一个圆环后，在前
侧中心缝合
后侧
前侧
约4cm
约3cm
②折叠成蝴蝶结
的形状，缝在
中心位置
后侧
在蝴蝶结
的后侧缝
上线环
约3cm

24、25

图片 p.22，23

准备材料

24 DMC CEBELIA 10 号／黄绿色系（989）7g，米色系（437）4g，红色系（816）3g，紫色系（550）2g，浅蓝色系（800）、白色系（3865）、黄色系（3820）各 1g，铁丝（24 号）20cm×12 根，填充棉适量

25 DMC CEBELIA 10 号／黄绿色系（3364）4g，黄绿色系（989）3g，藏青色系（823）、米色系（437）各 2g，米色系（842）1g，铁丝（24 号）20cm×10 根

针　蕾丝针 0 号

成品尺寸　参照图示

钩织方法（通用）

1　参照编织图，钩织各部分。

2　参照组合方法，制作成花束的形状。

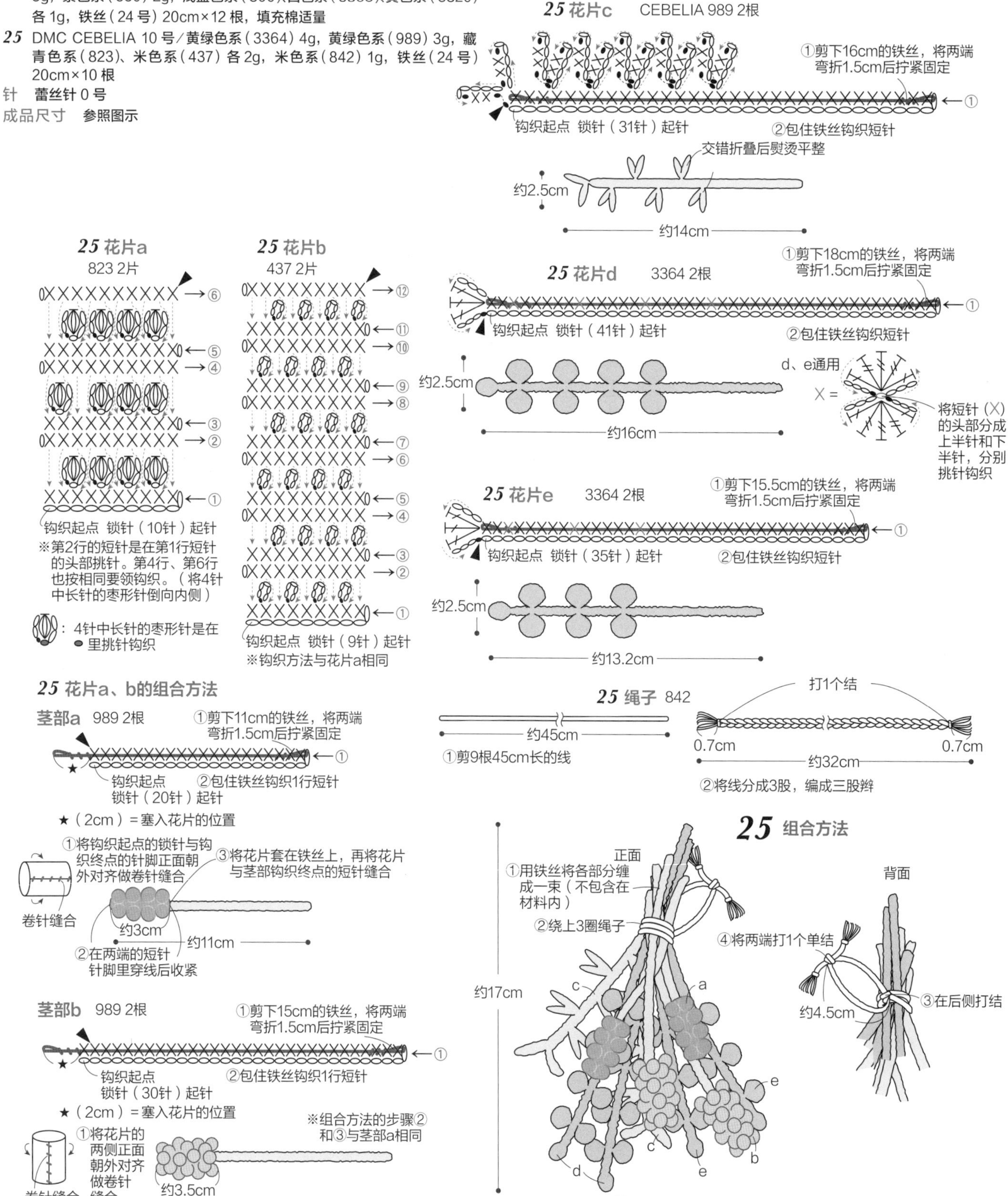

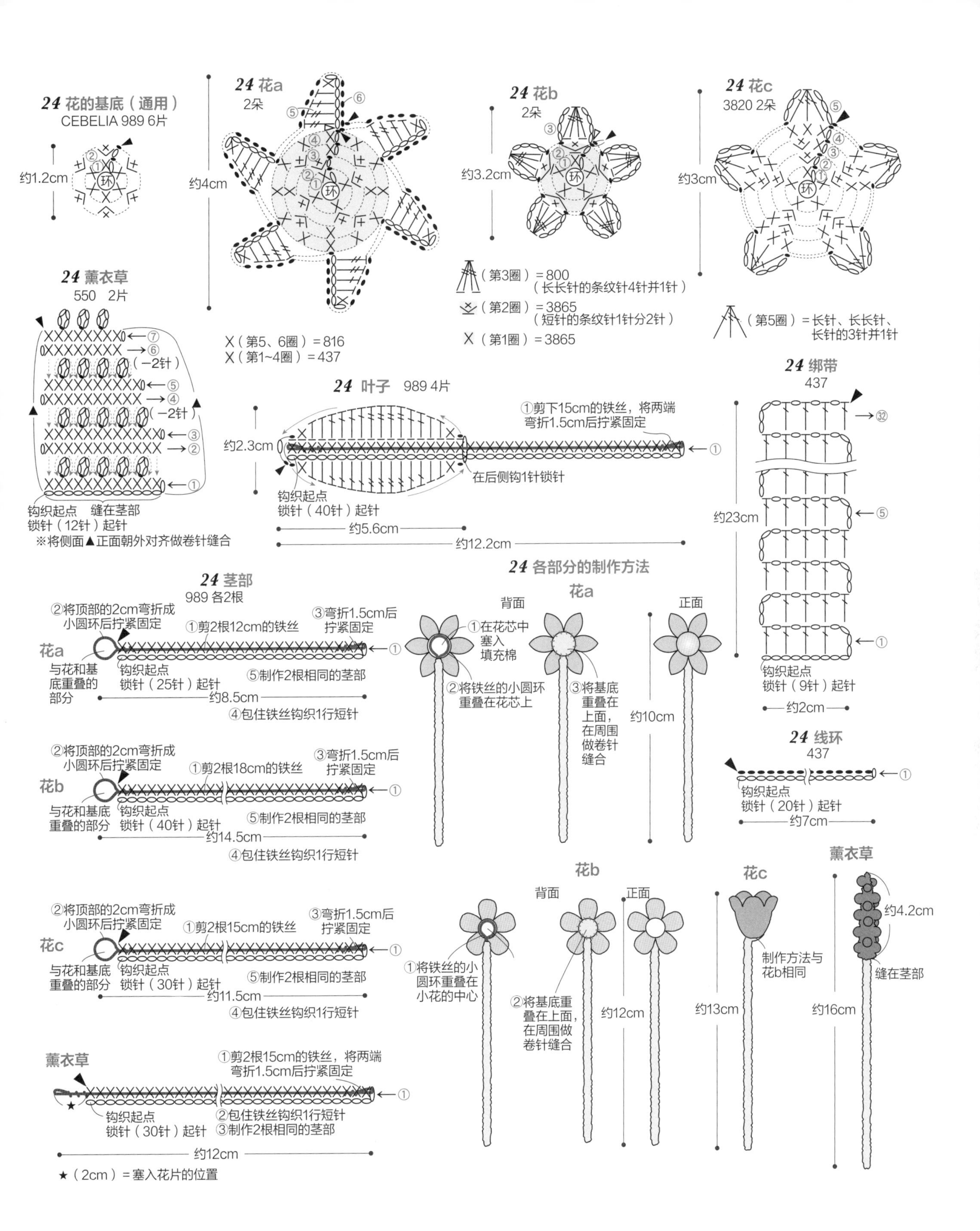

※ 24的组合方法请参照p.53

26~28

图片 p.24，25

准备材料

26 奥林巴斯 Emmy Grande <Colors>／紫红色（127）15g，深绿色（265）、黄绿色（229）各 3g，米色（731）2g，Emmy Grande <Colorful>／茶色系段染（C1）7g，填充棉适量

27 奥林巴斯 Emmy Grande <Colors>／紫色（675）14g，深绿色（265）3g，黄绿色（229）、米色（731）各 2g，Emmy Grande <Colorful>／紫色系段染（C3）5g，茶色系段染（C1）1g，填充棉适量

28 奥林巴斯 Emmy Grande <Colors>／本白色（804）13g，深绿色（265）3g，米色（731）2g，黄绿色（229）1g，Emmy Grande <Colorful>／茶色系段染（C1）7g，填充棉适量

针　钩针2/0号

成品尺寸　参照图示

钩织方法（通用）

1. 球根环形起针，一边加针一边钩织底部，接着一边减针一边钩织侧面。
2. 在球根侧面第11圈剩下的半针里挑针，钩织叶子。
3. 茎部是在叶子第7圈剩下的半针里挑针，一边减针和换色，一边钩织指定圈数。中途塞入填充棉，钩织终点在最后一圈的针脚里穿线收紧。
4. 花瓣环形起针，参照编织图，每种颜色钩织14片。
5. 参照组合方法，将花瓣缝在茎部的缝花位置。最后按系流苏的要领将根须系在底部。

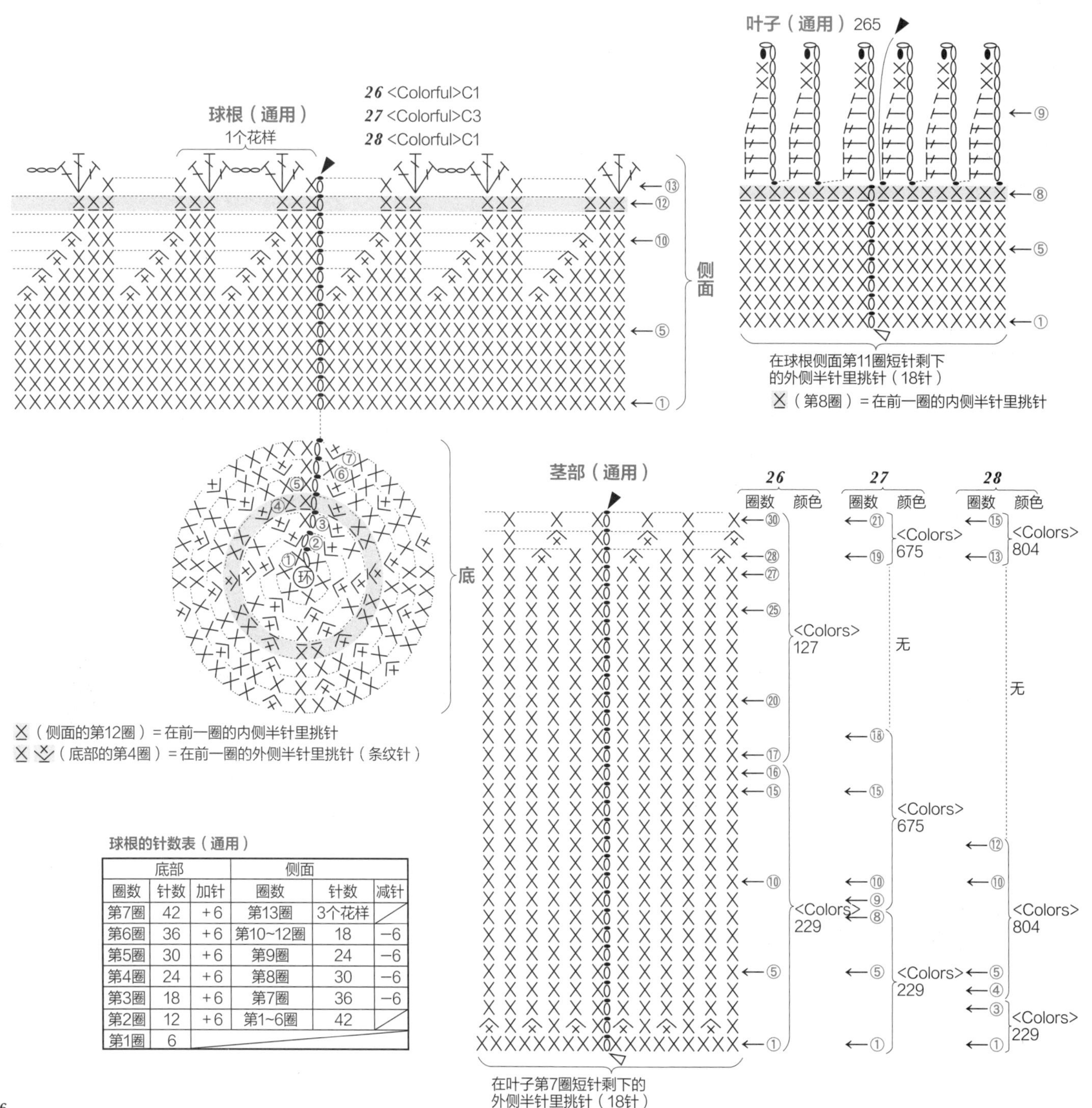

球根的针数表（通用）

底部			侧面		
圈数	针数	加针	圈数	针数	减针
第7圈	42	+6	第13圈	3个花样	
第6圈	36	+6	第10~12圈	18	−6
第5圈	30	+6	第9圈	24	−6
第4圈	24	+6	第8圈	30	−6
第3圈	18	+6	第7圈	36	−6
第2圈	12	+6	第1~6圈	42	
第1圈	6				

花瓣（通用）

26 <Colors>127
27 <Colors>675 } 每种颜色各14片
28 804

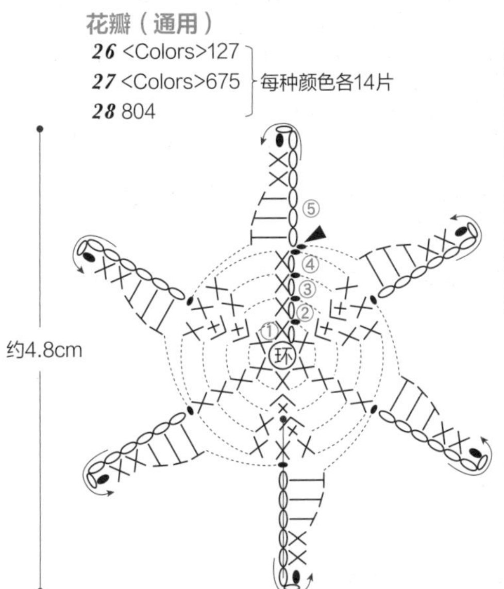

茎部的圈数、针数、配色表

26				***27***				***28***			
圈数	针数	减针数	颜色	圈数	针数	减针数	颜色	圈数	针数	减针数	颜色
第30圈	6		<Colors> 127	第21圈	6		<Colors> 675	第15圈	6		804
第29圈	6	−3		第20圈	6	−3		第14圈	6	−3	
第28圈	9	−3		第19圈	9	−3		第13圈	9	−3	
第17~27圈	12			第9~18圈	12			第4~12圈	12		
第3~16圈	12		<Colors> 229	第3~8圈	12		<Colors> 229	第3圈	12		<Colors> 229
第2圈	12	−6		第2圈	12	−6		第2圈	12	−6	
第1圈	18			第1圈	18			第1圈	18		

根须（流苏）的制作方法（通用）

第3圈剩下的半针（18针）

①将根须的线对折，将线环一头穿入底部第3圈剩下的内侧半针

②将2根线头穿过线环后拉紧

根须的配色表

款式	<Colors>731（28cm）	<Colors>C1（20cm）
26	9根	9根
27	9根	9根
28	9根	9根

※将每种颜色的线对折后交替系在球根上

组合方法

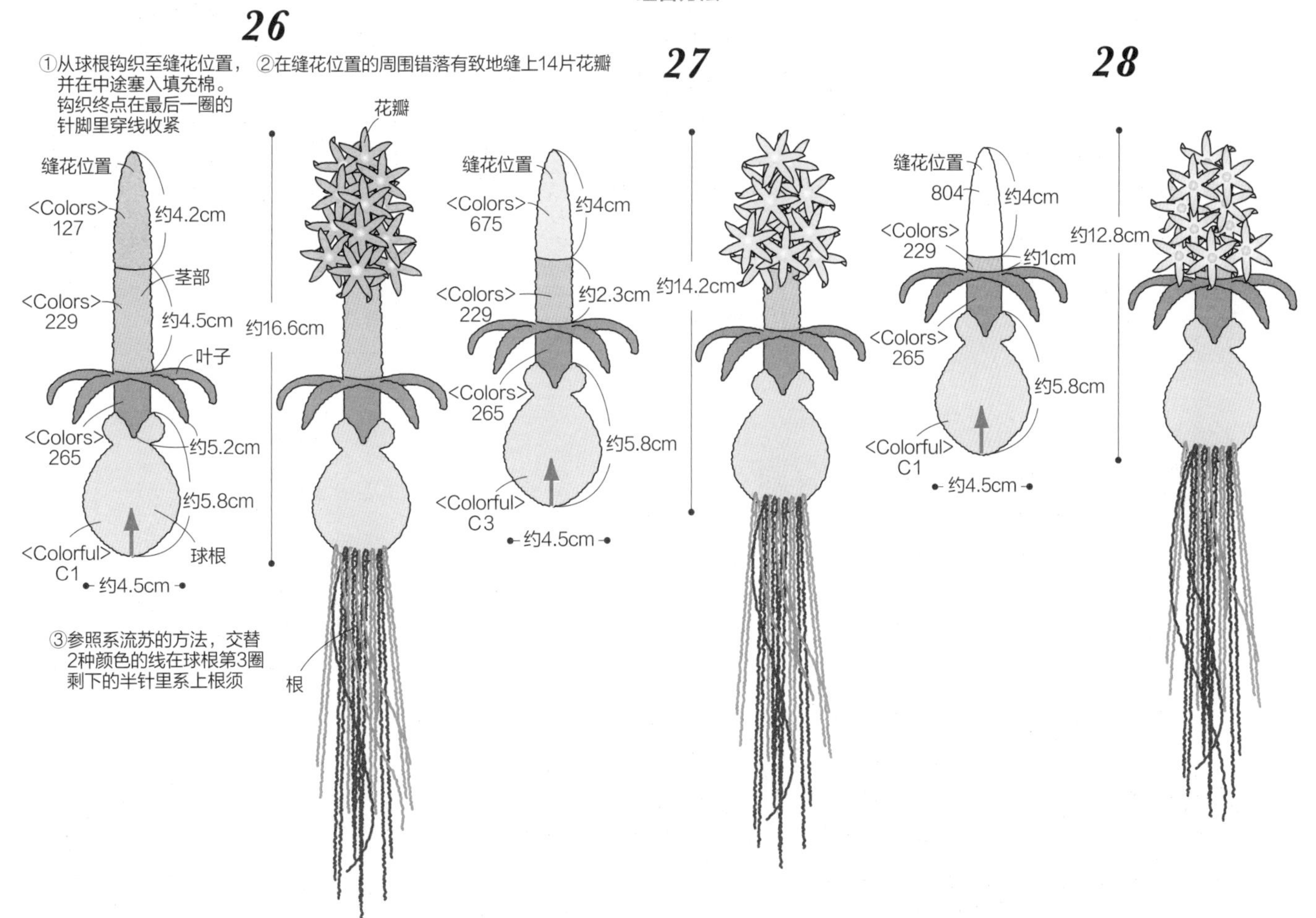

29、***30***

图片　p.24，25

准备材料

29 奥林巴斯 Emmy Grande ／黄色（521）17g，柠檬黄色（541）3g，Emmy Grande <Herbs> ／ 浅 茶 色（814）4g， 象 牙 白 色（732）2g，Emmy Grande <Colors> ／绿色（264）4g，黄绿色（229）2g，米色（731）、本白色（804）各 1g，Emmy Grande <Colorful> ／茶色系段染（C1）3g，填充棉适量

30 奥林巴斯 Emmy Grande ／黄色（521）2g，Emmy Grande <Colorful> ／紫色系段染（C3）13g，茶色系段染（C1）4g，Emmy Grande <Herbs> ／浅茶色（814）5g，象牙白色（732）3g，Emmy Grande <Colors> ／绿色（264）3g，黄绿色（229）2g，米色（731）、本白色（804）各 1g，填充棉适量

针　钩针 2/0 号

成品尺寸　参照图示

钩织方法（通用）

1 参照编织图钩织花瓣（大）（小），***29***分别钩织12片，***30***分别钩织9片。
2 球根a（大）环形起针后一边加针一边钩织，接着钩织侧面。
3 接着钩织球根b（大），在球根a（大）的侧面第3圈剩下的半针里挑针，一边减针一边换色钩织。中途塞入填充棉。
4 在球根b（大）的第18圈剩下的半针里挑针，接着钩织叶子。
5 在叶子第3圈剩下的半针里挑针，钩织茎部（大），在第15圈的头部挑针穿线后收紧。
6 球根（小）环形起针后，一边加针，一边参照图示按球根（大）相同要领钩织，并在中途塞入填充棉。
7 参照花的组合方法和缝合位置，分别缝在茎部。
8 将球根（小）缝在球根（大）的上面。最后按系流苏的要领将根须系在底部。

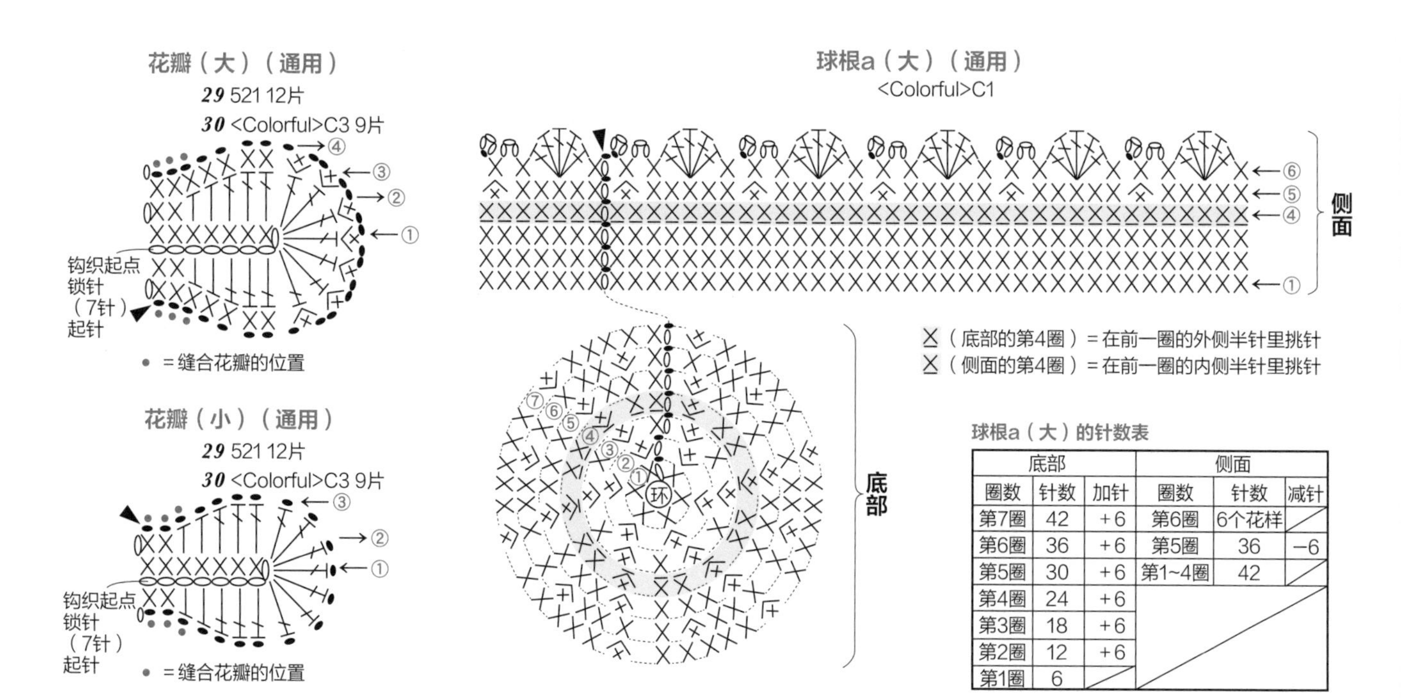

球根a（大）的针数表

底部			侧面		
圈数	针数	加针	圈数	针数	减针
第7圈	42	+6	第6圈	6个花样	
第6圈	36	+6	第5圈	36	−6
第5圈	30	+6	第1~4圈	42	
第4圈	24	+6			
第3圈	18	+6			
第2圈	12	+6			
第1圈	6				

球根b（大）（通用）

<Herbs> 732

<Herbs> 814

（第19圈）＝在前一圈的内侧半针里挑针

在球根a的侧面第3圈剩下的外侧半针里挑针（42针）

※第13圈的短针是在第10圈的短针里挑针，包住第11、12圈的锁针钩织

球根b（大）的针数和减针表

圈数	针数	减针
第19圈		
第10~18圈	15	
第9圈	15	−3
第8圈	18	−6
第7圈	24	−6
第6圈	30	−6
第5圈	36	−6
第1~4圈	42	

花瓣（大）（小）的组合方法（通用）

（大）约3.6cm

（小）约3cm

依次挑取花瓣上3针引拔针的半针缝合，3片花瓣组成1朵花

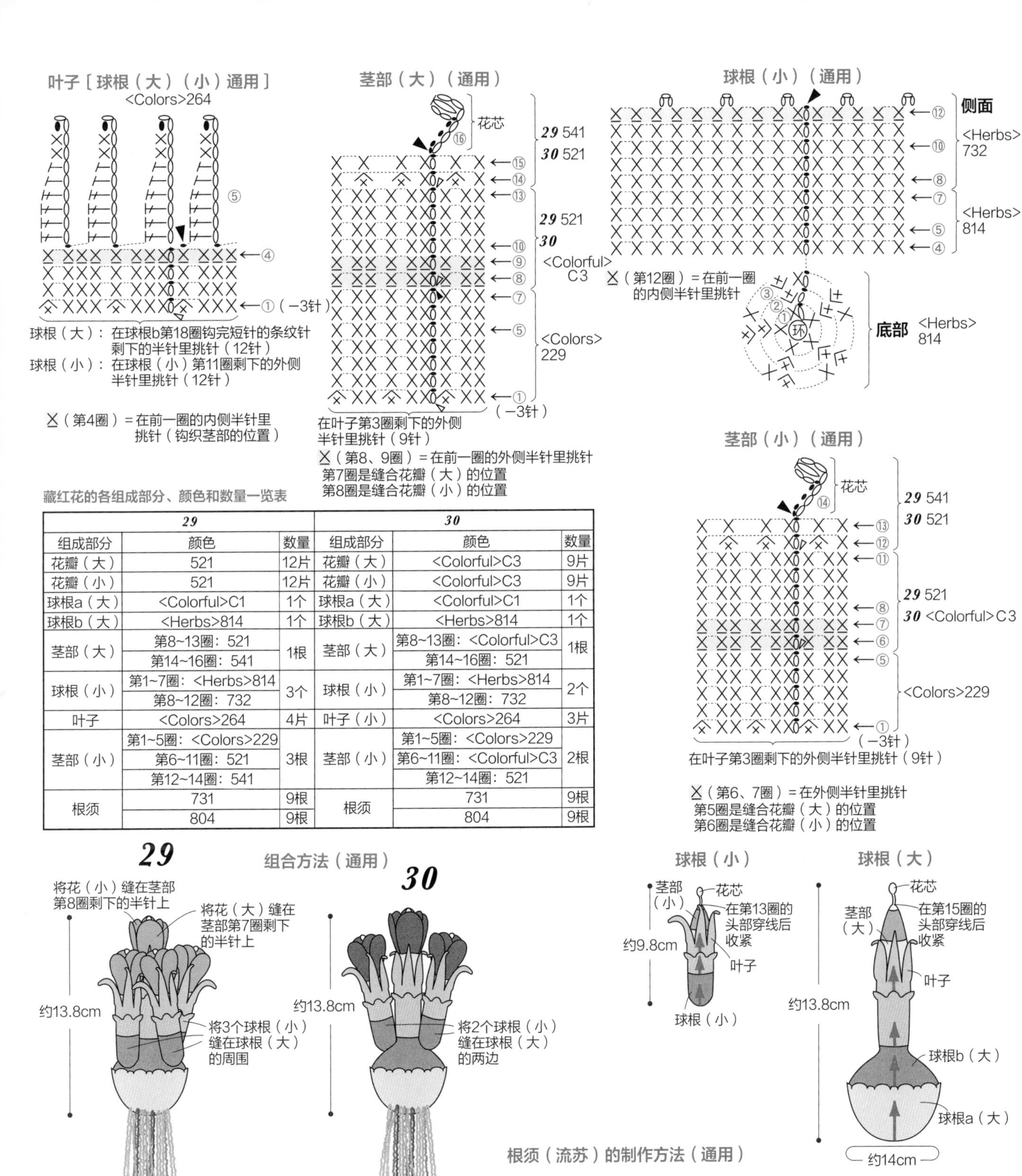

藏红花的各组成部分、颜色和数量一览表

29 组成部分	颜色	数量	30 组成部分	颜色	数量
花瓣（大）	521	12片	花瓣（大）	<Colorful>C3	9片
花瓣（小）	521	12片	花瓣（小）	<Colorful>C3	9片
球根a（大）	<Colorful>C1	1个	球根a（大）	<Colorful>C1	1个
球根b（大）	<Herbs>814	1个	球根b（大）	<Herbs>814	1个
茎部（大）	第8~13圈：521	1根	茎部（大）	第8~13圈：<Colorful>C3	1根
	第14~16圈：541			第14~16圈：521	
球根（小）	第1~7圈：<Herbs>814	3个	球根（小）	第1~7圈：<Herbs>814	2个
	第8~12圈：732			第8~12圈：732	
叶子	<Colors>264	4片	叶子（小）	<Colors>264	3片
茎部（小）	第1~5圈：<Colors>229	3根	茎部（小）	第1~5圈：<Colors>229	2根
	第6~11圈：521			第6~11圈：<Colorful>C3	
	第12~14圈：541			第12~14圈：521	
根须	731	9根	根须	731	9根
	804	9根		804	9根

根须（流苏）的制作方法（通用）

第3圈剩下的半针

①将根须的线对折，再将线环一头穿入底部第3圈剩下的内侧半针

②将2根线头穿入线环后拉紧

根须的配色表

型号	<Colors>731（28cm）	<Herbs>814（20cm）
29	9根	9根
30	9根	9根

※将每种颜色的线对折后交替系在球根上

钩针编织基础

如何看懂符号图

本书中的符号图均表示从织物正面看到的状态，根据日本工业标准（JIS）制定。钩针编织没有正针和反针的区别（内钩针和外钩针除外），交替看着正、反面进行往返钩织时也用相同的针法符号表示。

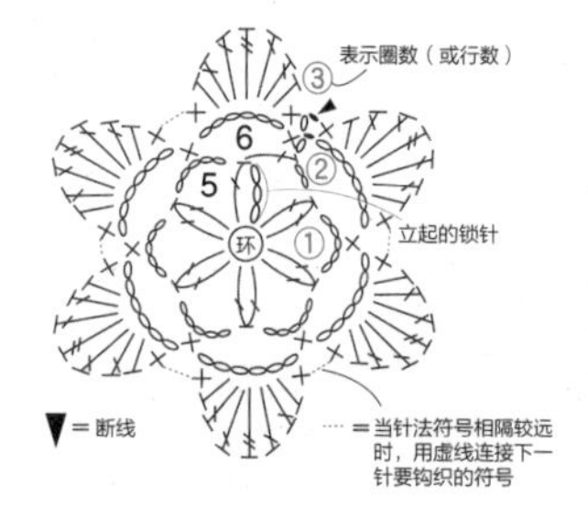

从中心向外环形钩织时

在中心环形起针（或钩织锁针连接成环状），然后一圈圈地向外钩织。每圈的起始处都要先钩立起的锁针。通常情况下，都是看着织物的正面按符号图从右往左（逆时针）钩织。

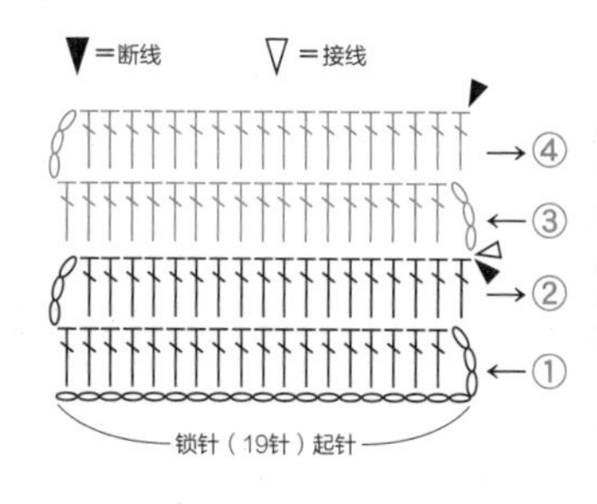

往返钩织时

特点是左右两侧都有立起的锁针。原则上，当立起的锁针位于右侧时，看着织物的正面按符号图从右往左钩织；当立起的锁针位于左侧时，看着织物的反面按符号图从左往右钩织。左图表示在第3行换成配色线钩织。

带线和持针的方法

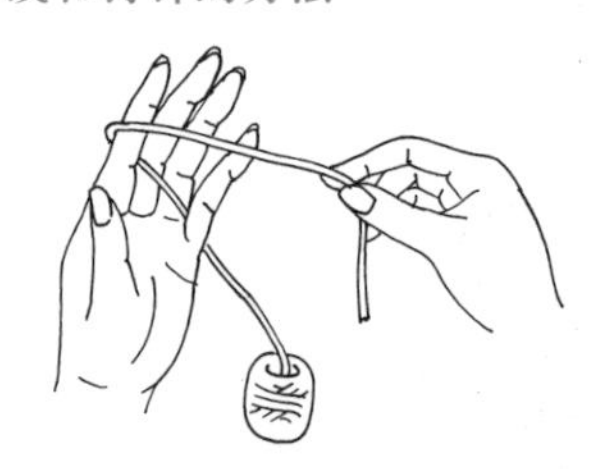

1 从左手的小指和无名指之间将线向前拉出，然后挂在食指上，将线头拉至手掌内侧。

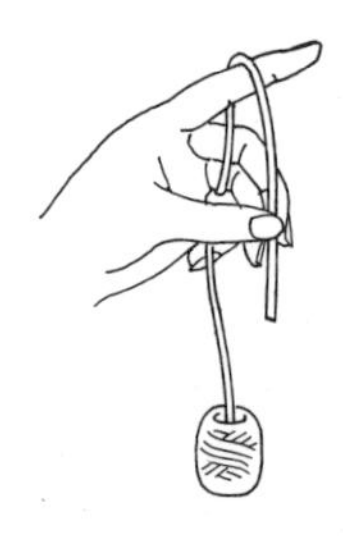

2 用拇指和中指捏住线头，竖起食指使线绷紧。

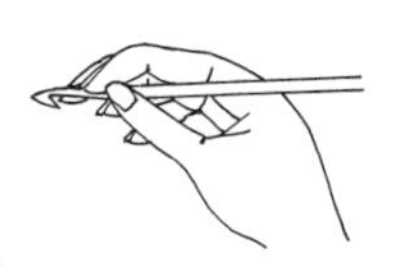

3 用右手的拇指和食指捏住钩针，再用中指轻轻压住针头。

起始针的钩织方法

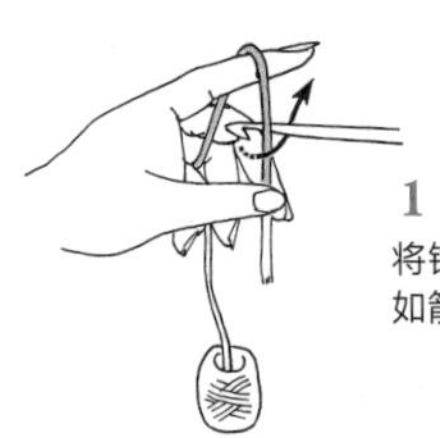

1 将钩针抵在线的后侧，如箭头所示转动针头。

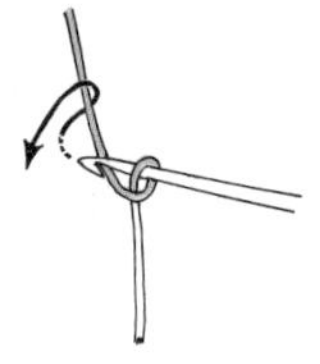

2 再在针头挂线。

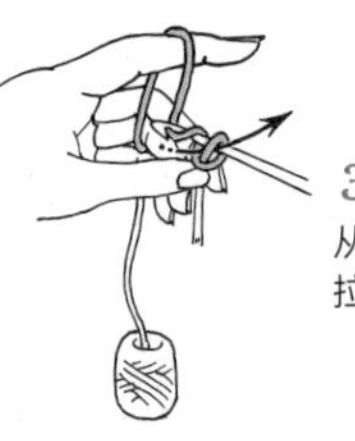

3 从线环中将线向前拉出。

4 拉动线头收紧针脚，起始针完成（此针不计为1针）。

起针

从中心向外环形钩织时（用线头制作线环）

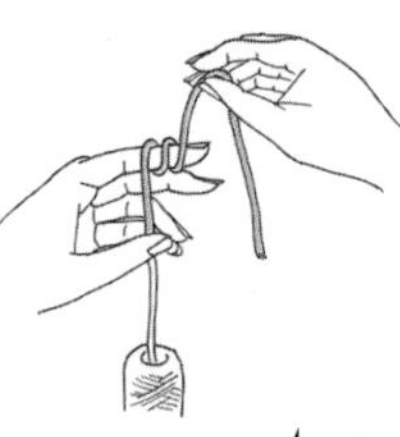

1 在左手食指上绕2圈线，制作线环。

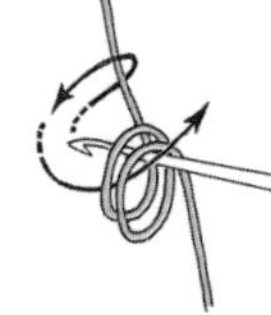

2 从手指上取下线环重新捏住，在线环中插入钩针，如箭头所示挂线后向前拉出。

3 针头再次挂线引拔，钩织立起的锁针。

4 第1圈在线环中插入钩针，钩织所需针数的短针。

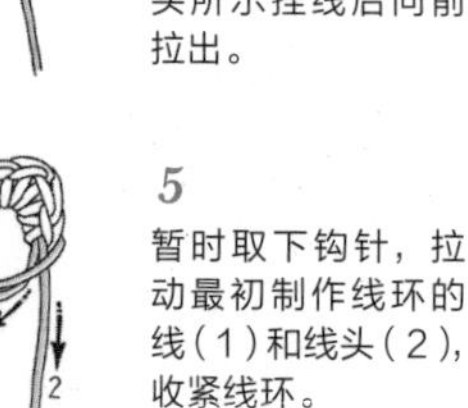

5 暂时取下钩针，拉动最初制作线环的线（1）和线头（2），收紧线环。

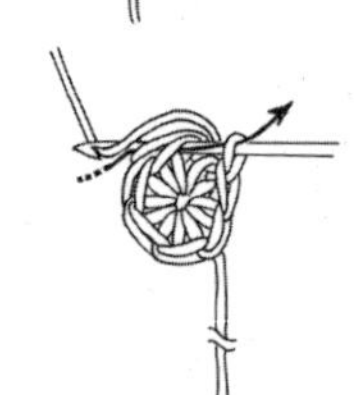

6 第1圈结束时，在第1针短针的头部插入钩针，挂线引拔。

从中心向外环形钩织时（钩锁针制作线环）

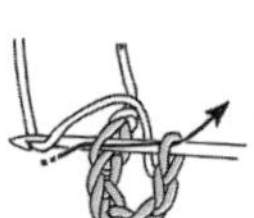

1 钩织所需针数的锁针，在第1针锁针的半针里插入钩针引拔。

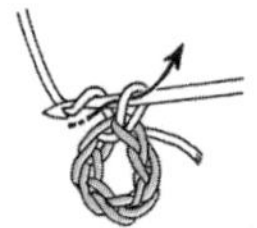

2 针头挂线引拔，此针就是立起的锁针。

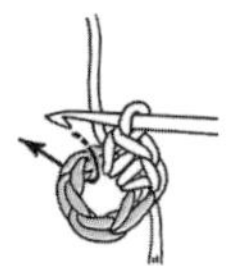

3 第1圈在线环中插入钩针，成束挑起锁针钩织所需针数的短针。

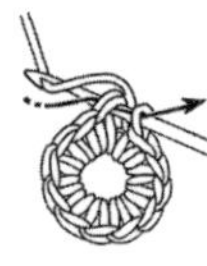

4 第1圈结束时，在第1针短针的头部插入钩针，挂线引拔。

往返钩织时

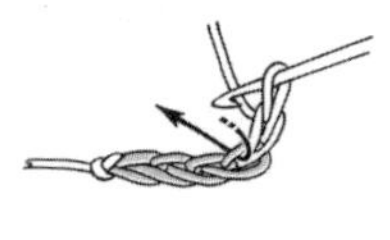

1 钩织所需针数的锁针和立起的锁针，在边上第2针锁针里插入钩针，挂线后钩出。

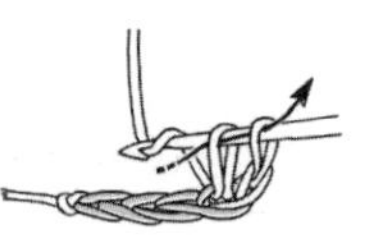

2 针头挂线，如箭头所示将线引拔。

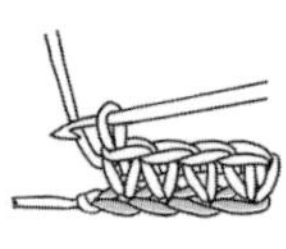

3 第1行完成后的状态（立起的1针锁针不计为1针）。

锁针的识别方法

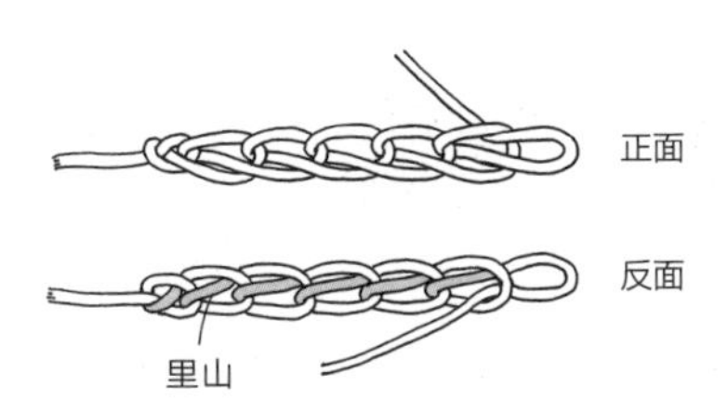

锁针有正、反面之分。反面中间突出的1根线叫作锁针的“里山”。

前一行的挑针方法

在1个针脚里钩织

1

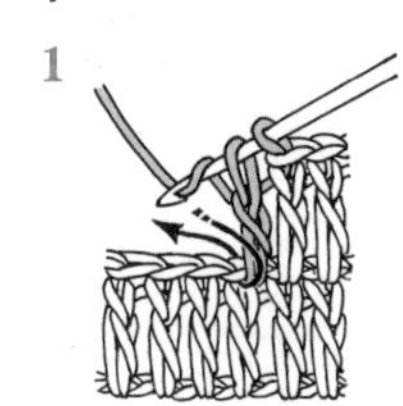

2

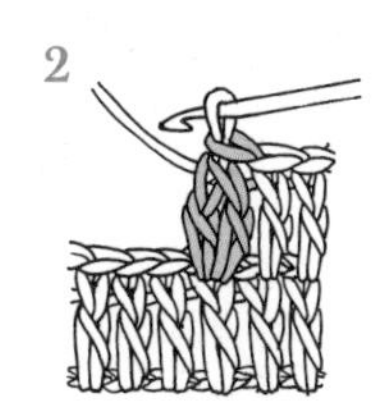

成束挑起锁针钩织

1

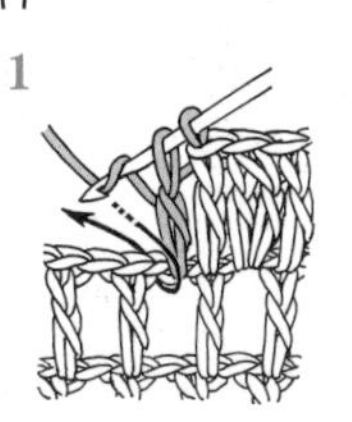

2

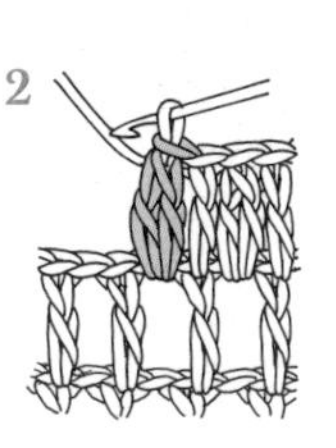

同样是枣形针，符号不同，挑针的方法也不同。符号下方是闭合状态时，在前一行的1个针脚里钩织；符号下方是打开状态时，成束挑起前一行的锁针钩织。

针法符号

锁针

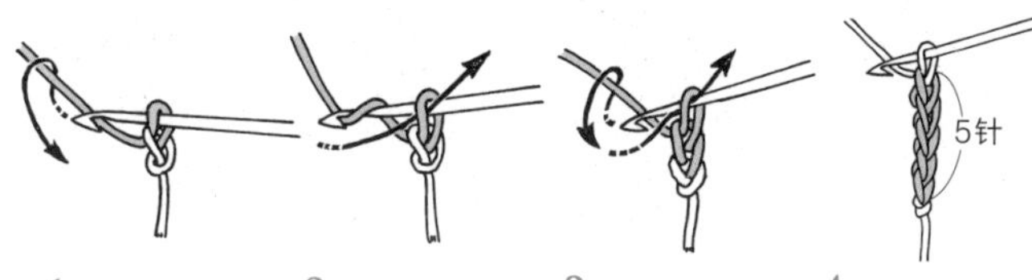

1 钩起始针，接着在针头挂线。

2 将挂线钩出，完成锁针。

3 按相同要领，重复步骤1和2的“挂线，钩出”，继续钩织。

4 5针锁针完成。

引拔针

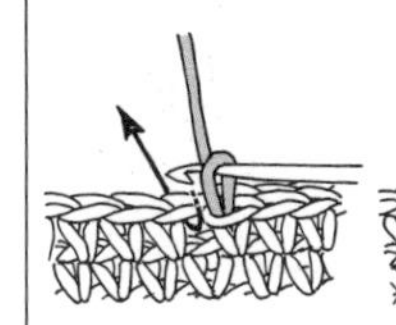

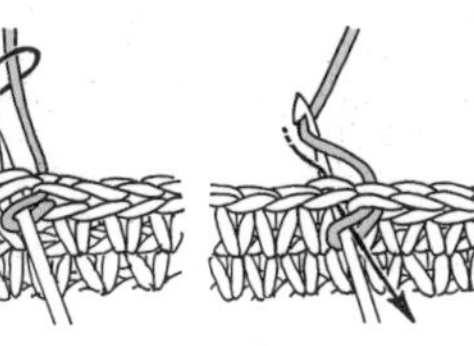

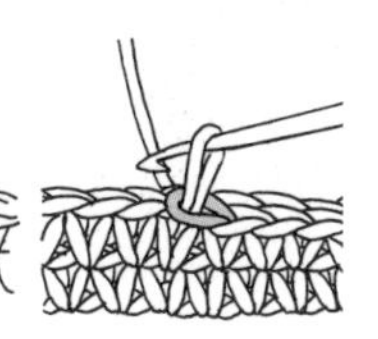

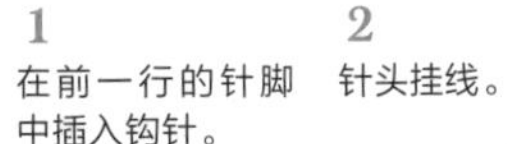

1 在前一行的针脚中插入钩针。

2 针头挂线。

3 将线一次性引拔。

4 1针引拔针完成。

短针

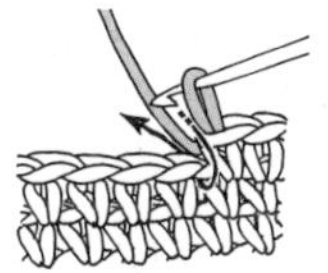

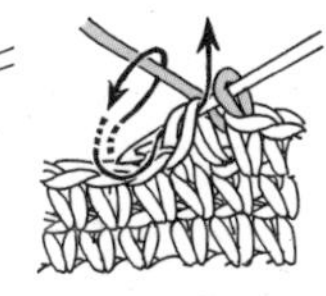

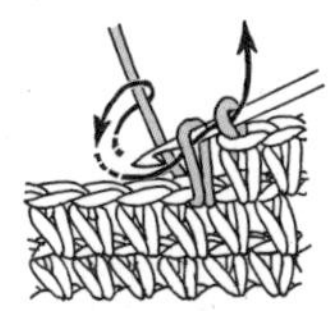

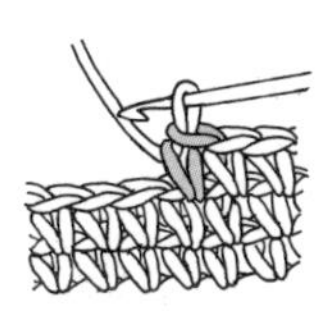

1 在前一行的针脚中插入钩针。

2 针头挂线，将线圈钩出至内侧（此状态叫作“未完成的短针”）。

3 针头再次挂线，一次性引拔穿过2个线圈。

4 1针短针完成。

中长针

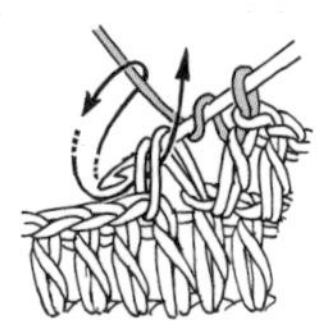

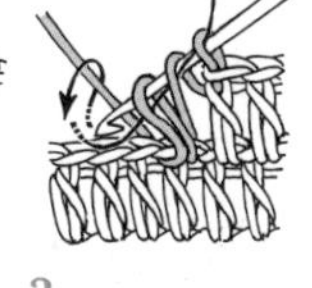

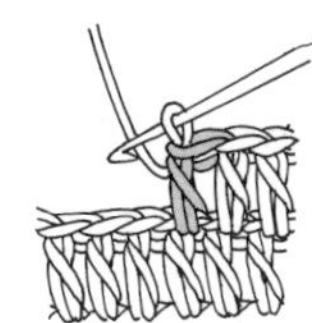

1 针头挂线，在前一行的针脚中插入钩针。

2 针头再次挂线，将线圈钩出至内侧（此状态叫作“未完成的中长针”）。

3 针头挂线，一次性引拔穿过3个线圈。

4 1针中长针完成。

长针

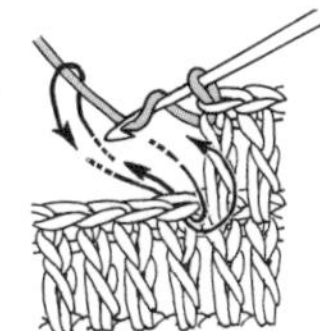

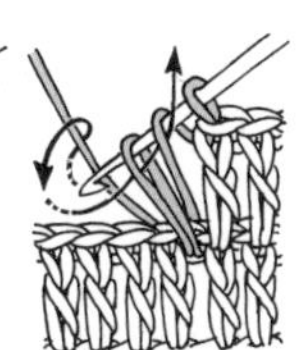

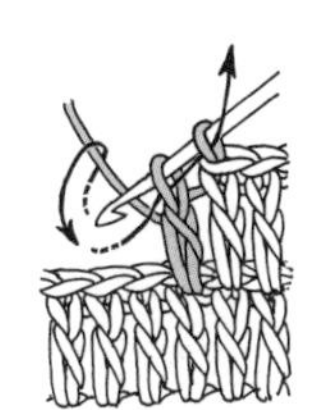

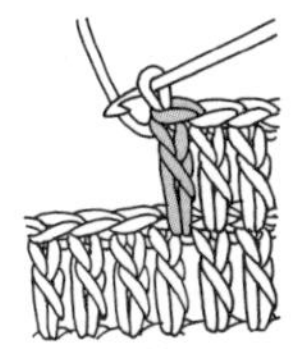

1 针头挂线，在前一行的针脚中插入钩针。再次挂线后钩出至内侧。

2 如箭头所示，针头挂线后引拔穿过2个线圈（此状态叫作“未完成的长针”）。

3 针头再次挂线，引拔穿过剩下的2个线圈。

4 1针长针完成。

长长针　3卷长针

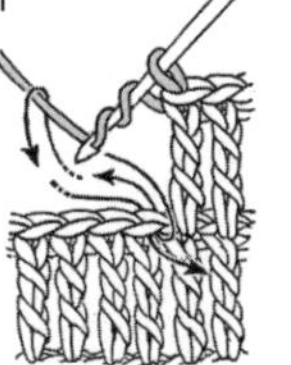

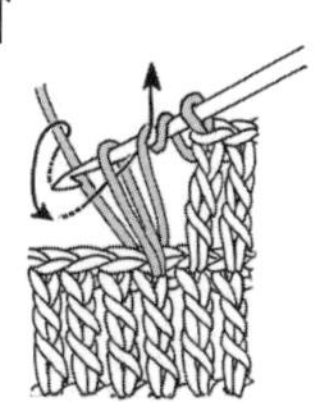

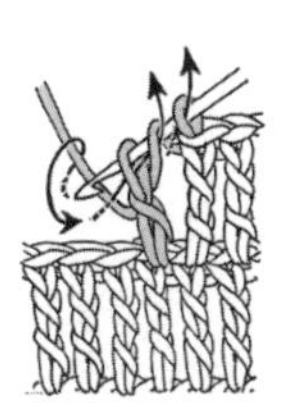

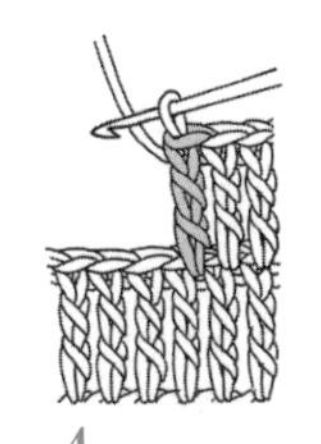

1 在针头绕2圈线（3卷长针时，绕3圈线），在前一行的针脚中插入钩针。再次挂线，将线圈钩出至内侧。

2 如箭头所示，针头挂线后引拔穿过2个线圈。

3 再重复2次相同操作（3卷长针时，再重复3次）。
※重复1次后的状态叫作“未完成的长长针”（3卷长针时，重复2次后的状态叫作“未完成的3卷长针”）。

4 1针长长针完成。

短针 1 针分 2 针　短针 1 针分 3 针

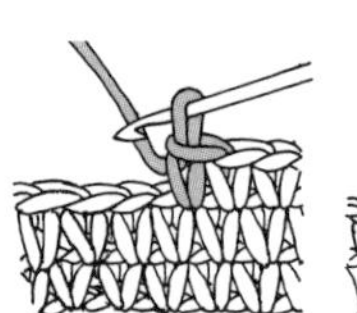
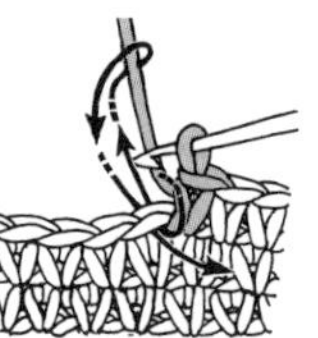
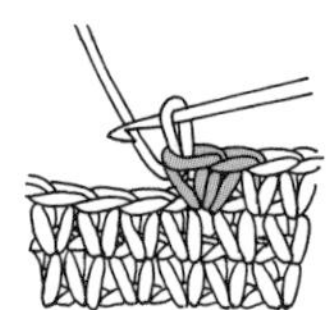
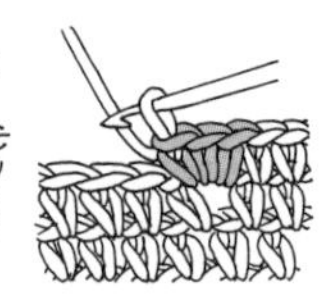

1 钩 1 针短针。

2 在同一个针脚中插入钩针将线圈钩出，钩织短针。

3 短针 1 针分 2 针完成后的状态。在同一个针脚中再钩 1 针短针。

4 在前一行的同 1 针里钩入 3 针短针后的状态，比前一行多了 2 针。

短针 2 针并 1 针

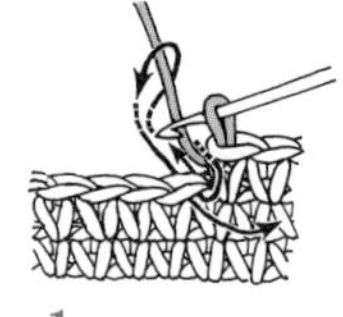
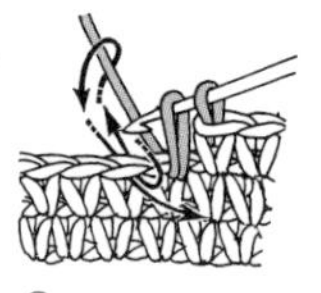
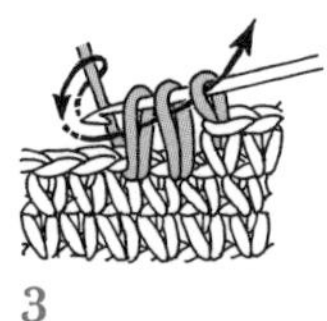
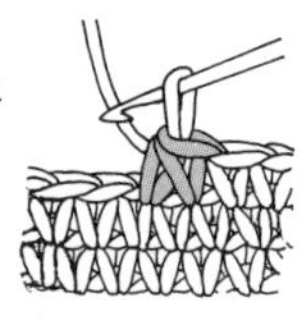

1 如箭头所示，在前一行的针脚中插入钩针，将线圈钩出。

2 按相同要领再从下一个针脚中钩出线圈。

3 针头挂线，如箭头所示一次性引拔穿过 3 个线圈。

4 短针 2 针并 1 针完成，比前一行少了 1 针。

长针 1 针分 2 针

※2 针以上或者长针以外的情况，也按相同要领在前一行的 1 个针脚中钩织指定针数的指定针法。

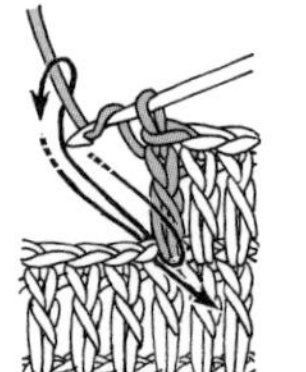
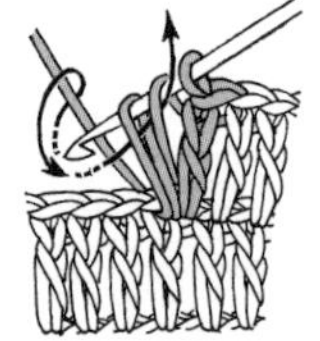
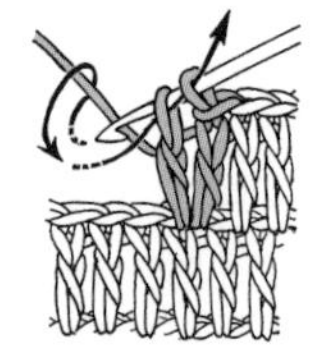
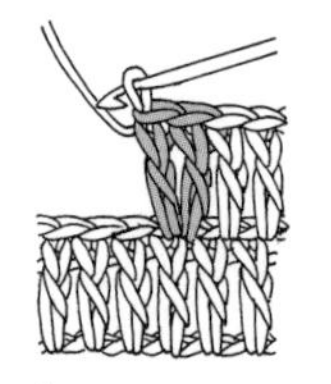

1 钩 1 针长针。接着针头挂线，在同一个针脚中插入钩针后挂线钩出。

2 针头挂线，引拔穿过2个线圈。

3 针头再次挂线，一次性引拔穿过剩下的 2 个线圈。

4 长针 1 针分 2 针完成后的状态，比前一行多了 1 针。

长针 2 针并 1 针

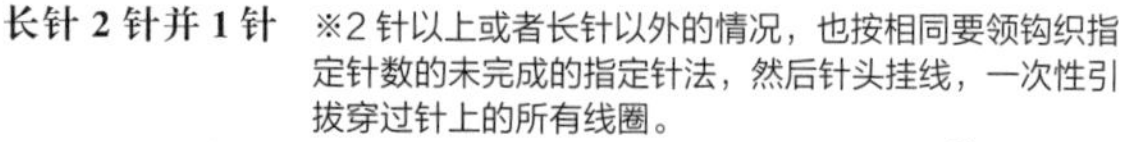

※2 针以上或者长针以外的情况，也按相同要领钩织指定针数的未完成的指定针法，然后针头挂线，一次性引拔穿过针上的所有线圈。

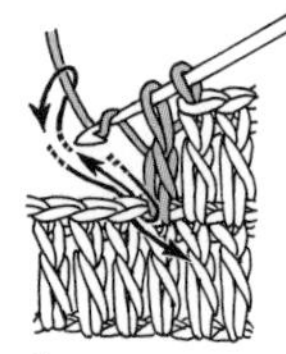
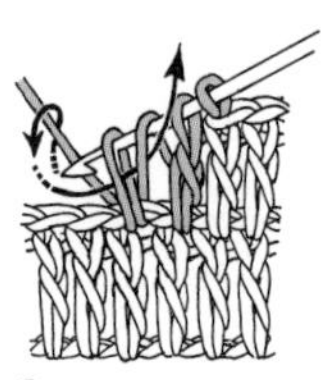
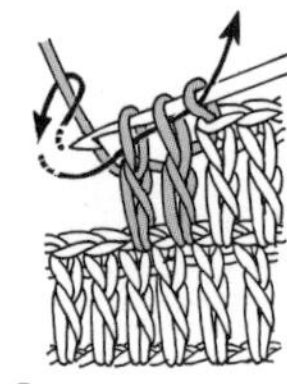
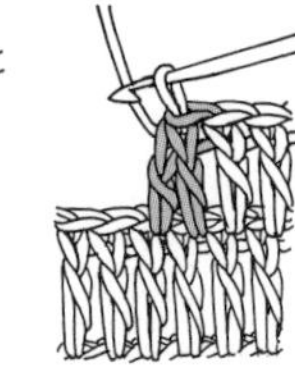

1 在前一行的 1 个针脚中钩 1 针未完成的长针（参照 p.61），接着针头挂线，如箭头所示在下一个针脚中插入钩针，挂线后钩出。

2 针头挂线，引拔穿过 2 个线圈，钩第 2 针未完成的长针。

3 针头挂线，如箭头所示一次性引拔穿过 3 个线圈。

4 长针 2 针并 1 针完成，比前一行少了 1 针。

3 针锁针的狗牙针

※3 针以外的情况，在步骤 1 钩织指定针数的锁针，然后按相同要领引拔。

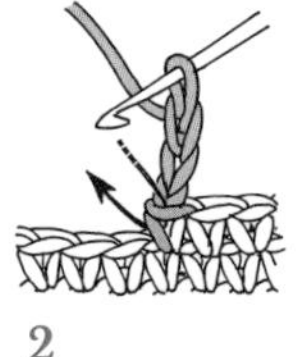
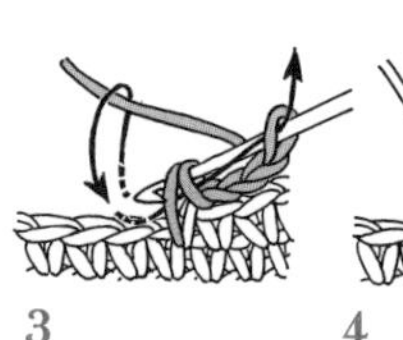
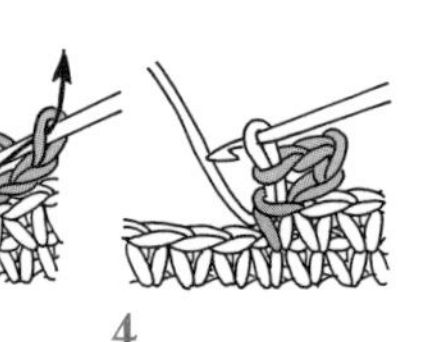

1 钩 3 针锁针。

2 在短针头部的半针以及根部的 1 根线里插入钩针。

3 针头挂线，如箭头所示一次性引拔穿过所有线圈。

4 3 针锁针的狗牙针完成。

3 针长针的枣形针

※3 针或长针以外的情况，也按相同要领，在前一行的 1 个针脚里钩织指定针数的未完成的指定针法，再如步骤 3 所示，一次性引拔穿过针上的所有线圈。

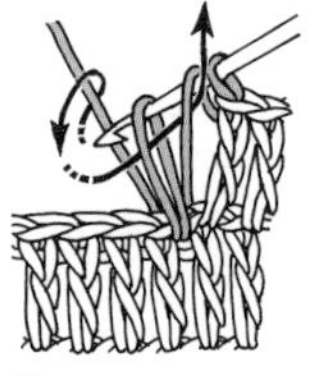
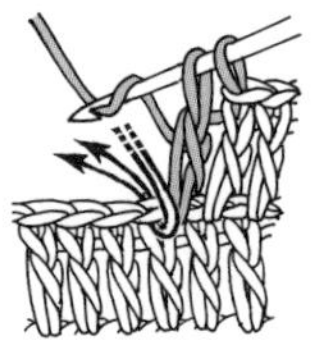
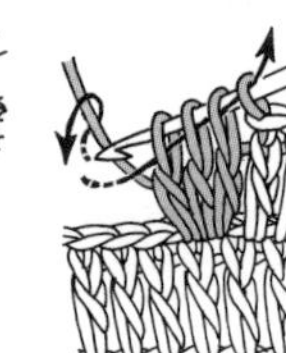

1 在前一行的针脚中钩 1 针未完成的长针（参照 p.61）。

2 在同一个针脚中插入钩针，接着钩 2 针未完成的长针。

3 针头挂线，一次性引拔穿过的 4 个线圈。

4 3 针长针的枣形针完成。

短针的条纹针

※ 短针以外的条纹针也按相同要领，在前一圈的外侧半针里挑针钩织指定针法。

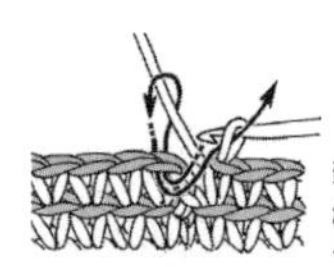
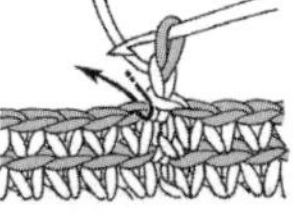
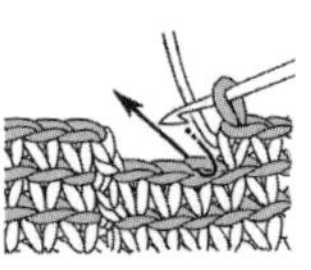
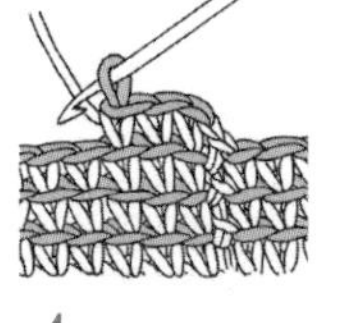

1 每圈看着正面钩织。钩织 1 圈短针后，在起始针里引拔。

2 钩 1 针立起的锁针，接着在前一圈的外侧半针里挑针钩织短针。

3 按步骤 2 相同要领继续钩织短针。

4 前一圈的内侧半针呈现条纹状。图中为钩织第 3 圈短针的条纹针的状态。

短针的棱针

※ 短针以外的棱针也按相同要领，在前一行的外侧半针里挑针钩织指定针法。

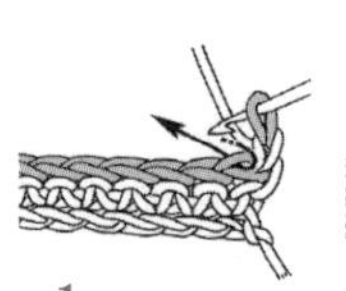
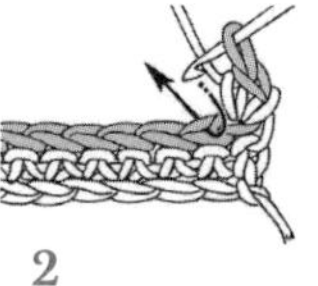
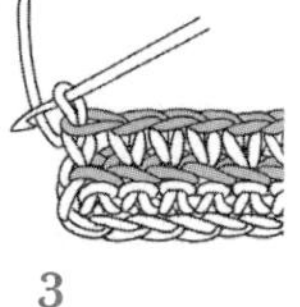
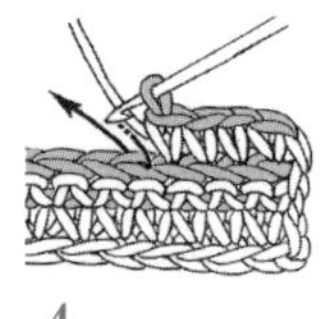

1 如箭头所示，在前一行针脚的外侧半针里插入钩针。

2 钩织短针。下一针也按相同要领在外侧半针里插入钩针。

3 钩至行末，翻面。

4 按步骤 1、2 相同要领，在外侧半针里插入钩针钩织短针。

内钩短针

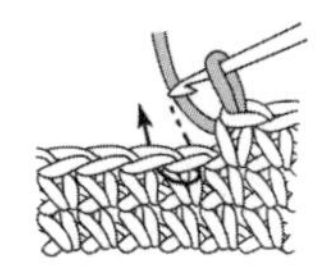

1
如箭头所示，从反面将钩针插入前一行短针的根部。

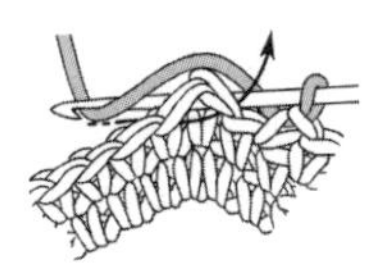

2
针头挂线，如箭头所示将线拉出至织物的后侧。

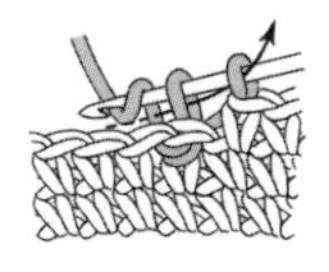

3
将线圈拉得比短针稍微长一点，针头再次挂线，一次性引拔穿过 2 个线圈。

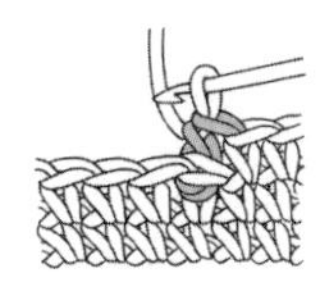

4
1 针内钩短针完成。

卷针缝

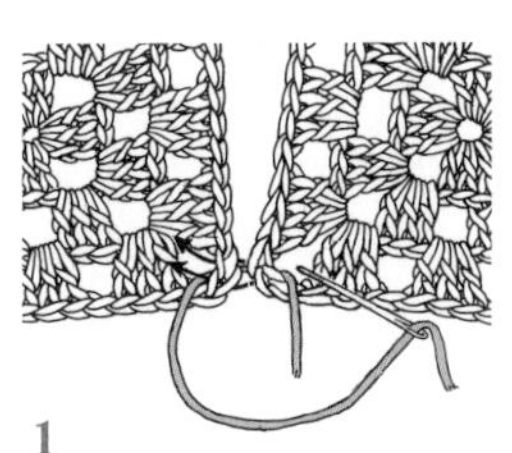

1
将织片正面朝上对齐，在针脚头部的 2 根线里挑针拉线。在缝合起点和终点的针脚里各挑 2 次针。

2
逐针地挑针缝合。

3
缝合至末端的状态。

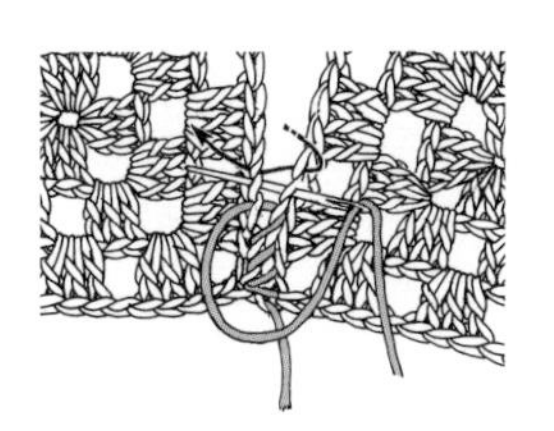

挑取半针的卷针缝方法
将织片正面朝上对齐，在外侧半针（针脚头部的 1 根线）里挑针拉线。在缝合起点和终点的针脚里各挑 2 次针。

引拔接合

※ 引拔针以外的情况也按相同要领，在 2 片织物里一起插入钩针，钩织指定针法。

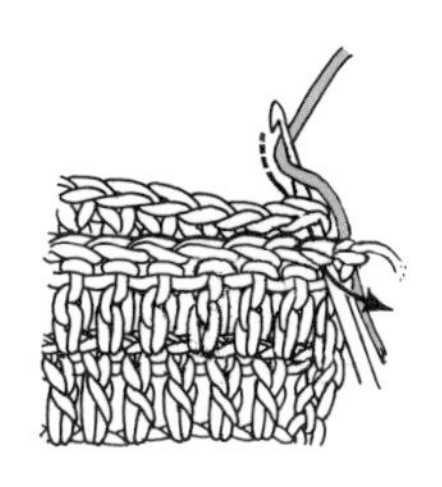

1
将 2 片织物正面朝内对齐（或者正面朝外对齐），在边针里插入钩针将线拉出，针头再次挂线引拔。

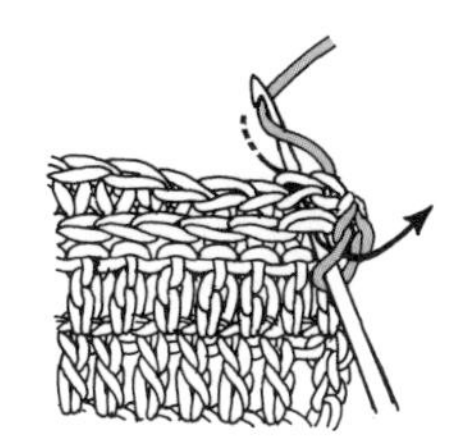

2
在下一个针脚里插入钩针，针头挂线后引拔。重复此操作，逐针地引拔接合。

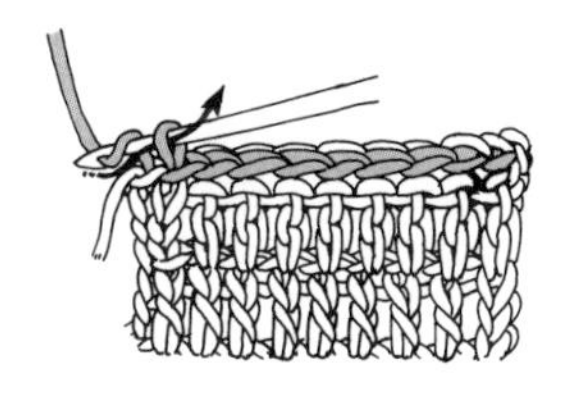

3
结束时，在针头挂线引拔后断线。

日文原版图书工作人员

• 图书设计
弘兼奈美（two-piece）
• 摄影
小塚恭子（作品） 本间伸彦（步骤详解、线材样品）
• 造型
平尾知子
• 作品设计
镰田惠美子　河合真弓　芹泽圭子
曾根静夏　藤田智子　沟端裕美
• 钩织方法说明、制图
奥住玲子　村木美佐子　森美智子
• 步骤详解
佐佐木初枝
• 步骤协助
河合真弓
• 钩织方法校对
增子满
• 策划、编辑
日本 E&G 创意（薮明子　内田瑞耶）

※由于印刷关系，线的颜色可能与所标色号存在一定差异。
※为方便理解，重点教程的步骤详解中使用了不同颜色、种类和粗细的线。

原文书名：レースとかぎ針で編む 花と緑のボタニカル雑貨
原作者名：E&G CREATES

著作权合同登记号：图字：01-2020-5606

图书在版编目（CIP）数据

钩编温暖的植物小装饰 / 日本E&G创意编著；蒋幼幼译. -- 北京：中国纺织出版社有限公司，2022.1
ISBN 978-7-5180-8836-2

Ⅰ. ①钩… Ⅱ. ①日… ②将… Ⅲ. ①钩针－编织－图集 Ⅳ. ① TS935.521-64

中国版本图书馆 CIP 数据核字（2021）第 172974 号

责任编辑：刘　茸　　责任校对：王花妮　　责任印制：王艳丽

中国纺织出版社有限公司出版发行
地址：北京市朝阳区百子湾东里 A407 号楼　邮政编码：100124
销售电话：010—67004422　传真：010—87155801
http://www.c-textilep.com
中国纺织出版社天猫旗舰店
官方微博 http://weibo.com/2119887771
北京华联印刷有限公司印刷　各地新华书店经销
2022 年 1 月第 1 版第 1 次印刷
开本：889 × 1194　1/16　印张：4
字数：116 千字　定价：49.80 元

凡购本书，如有缺页、倒页、脱页，由本社图书营销中心调换